现代创意新思维 DESIGN

"十二五"高等院校
艺术设计规划教材

三维游戏角色设计

陈力 张颖/编著

李若梅/主审

人民邮电出版社

北京

图书在版编目（CIP）数据

三维游戏角色设计 / 陈力，张颖编著.　　北京：
人民邮电出版社，2014.8（2021.8重印）
现代创意新思维十二五高等院校艺术设计规划教材
ISBN 978-7-115-34917-0

Ⅰ. ①三… Ⅱ. ①陈… ②张… Ⅲ. ①三维动画软件
－高等学校－教材 Ⅳ. ①TP391.41

中国版本图书馆CIP数据核字(2014)第041931号

内 容 提 要

本书是一本以实例制作为主的三维游戏角色制作教材，以快速提高实际操作能力为目的，帮助读者提高三维游戏角色制作技能与水平，为日后的游戏制作事业奠定扎实的基础。

本书内容分为概述、道具案例基础、角色案例基础和高级案例讲解。在概述部分主要讲解游戏产业和游戏平台的发展，同时讲解了游戏公司的组成架构和游戏制作流程与游戏美术的制作要求；道具案例基础部分通过武器的制作实例讲解了道具的制作思路与方法；角色案例基础讲解从模型制作到贴图制作，从主要软件到辐射插件，对游戏角色制作技法进行了全面讲解；高级案例部分通过对游戏角色模型制作、UV展开、贴图绘制等内容的讲解，系统地对之前的知识进行了实践和总结。

本书可作为高等院校动漫、游戏等专业的教学用书，同时适用于业余自学或培训机构使用。

◆ 编　　著　陈　力　张　颖
　　主　　审　李若梅
　　责任编辑　王　威
　　责任印制　杨林杰

◆ 人民邮电出版社出版发行　　北京市丰台区成寿寺路 11 号
　　邮编　100164　电子邮件　315@ptpress.com.cn
　　网址　http://www.ptpress.com.cn
　　北京虎彩文化传播有限公司印刷

◆ 开本：787×1092　1/16
　　印张：12.5　　　　　　　　2014 年 8 月第 1 版
　　字数：320 千字　　　　　　2021 年 8 月北京第 5 次印刷

定价：58.00 元（附光盘）

读者服务热线：(010)81055256　印装质量热线：(010)81055316
反盗版热线：(010)81055315
广告经营许可证：京东市监广登字 20170147 号

角色设计和场景设计是游戏美工里最重要的两个部分。三维游戏角色设计师也是游戏行业中的一个重要岗位。很多学校也将三维游戏的角色设计设置为游戏设计专业中的一门重要课程。

而在游戏美术制作和三维动画领域，3ds Max可以算是最为重要的工具之一。它集成了模型、材质、动画、渲染、特效等多个部分。从建立各种游戏场景、角色、道具模型到建立复杂和真实的游戏动画、特效，形成了一套完整的工作流程，是非常全面和出色的3维游戏美术制作工具。3ds Max三维角色模型制作部分在游戏和动漫中经常被使用，与Photoshop、BodyPaint等软件相配合，完成整个角色的三维制作。目前，3ds Max三维角色制作课程作为各大院校的数字媒体和艺术专业的核心课程，正在被广泛推广和学习。

3ds Max软件的各个功能模块分工较为明确，具有清晰和规范的流程制作结构，而多边形建模模块是最常用的生物模型制作模块。在制作模型时还可以配合SILO软件加快建模速度。为了使初步接触3D角色建模的学生能够更快、更容易地理解这个部分，本书设置了多个章节来阐述3ds Max中最为常用和最为重要的多边形建模内容。除此之外，本书还详细讲解了3ds Max UV展开方法，辅以unflold 3D软件的使用方法，教会读者如何快速展开UV。

本书对角色贴图的制作进行了详细讲解，作者将贴图制作大致分为两类：贴图的Photoshop修改、Photoshop结合Body-Paint 3D进行贴图绘制。最后一章结合实际案例对角色模型制作、角色UV展开、角色贴图绘制几项内容进行了演示讲解。

本书整体架构安排上，从行业介绍入手，结合多个案例，对游戏角色设计制作的流程、思路和技术难点进行了详细的解析。

在编写形式上采用"知识点详解——基本操作流程举例——案例训练"的模式。其中在需要重点讲解的章节部分，配以完整的案例，同时对案例进行了详细的解释并配以录像光盘，以保证能够更为有效地学会该知识点并能够灵活运用。

本书适合游戏角色三维制作部分的初学者阅读和学习，并可以作为角色模型制作模块知识点的速查手册使用。在实际教学当中发现，游戏角色制作模块中各项知识的含义理解起来并不困难，然而在实际运用中，却很难灵活使用。所以，应该通过大量的练习，让学生多分析多动手，把大部分课时用于制作实际特效效果上，以便达到灵活运用的目的。

本书由陈力、张颖执笔编写，参与本书编写的还有黄震宇、田哲。此外，参与教材筹备、研讨等工作的还有李平、徐铭，向他们表示衷心的感谢。

由于角色制作内容复杂，作者水平有限，书中难免存在疏漏和不足之处，恳请各位专家和读者指教。

陈力

2014年春

目录

CONTENTS

第1章

游戏行业设计概述

本章主要讲解了游戏机与游戏发展史，以及在游戏平台上运行游戏所要使用的游戏引擎。随着人们对图像画质的要求越来越高，3D游戏引擎也越来越复杂，相信以后3D游戏引擎会逐步成为一个独立的产业，更大程度地促进社会的发展、提高人们的生活水平。同时，本章还介绍了在制作游戏时各部门的职务及其工作流程，希望通过这些内容可以使读者对于游戏行业有更多的了解。

1.1 游戏平台发展史

　　游戏和游戏机诞生于20世纪60年代。随着计算机技术的诞生和发展，世界游戏也开始出现萌芽，一些物理学家以及来自各行业的专业人士在工作中发明了最早的电子游戏，他们可以被称为现代视频游戏的鼻祖，从此，电子游戏这一名词正式写入人类历史。

　　世界上首个计算机游戏于1958年在一个听起来不太可能的地方诞生——美国布鲁克海文国家核实验室。威利·海金博塞姆（Willy Higinbotham）是这个位于纽约长岛的美国能源部布鲁克海文（Brook haven）国家实验室的员工，为了打消周围农场主们对这个核实验室的担心，他要筹划一次巡回演说，他琢磨着要弄个什么东西来博得他们的好感。于是，

▲ 图1-1　世界第一款视频形式游戏《双人网球》

他和同事用计算机在圆形的示波器上制作出一个非常简陋的网球模拟程序，并把它命名为《双人网球》（Tennis for 2），其实那只不过是一个白色圆点在一条白线两边跳来跳去。农场的人们对这个新鲜玩意惊讶不已，但威利和同事回到实验室后就把机器拆了，如图1-1所示。

　　1983年7月15日，任天堂在日本发布了"家庭电脑"（Famicom，简称FC）如图1-2所示。FC全球总销售量达6000万台，此时已经垫定了任天堂在家用电玩硬体领域的王者地位。

　　20世纪80年代开始，家用电玩可以说是真正流行起来了，而在这个时期，大型营业性游戏机（街机）也得到前所未有的繁荣发展，80年代末期出现了最经典的掌上游戏机GameBoy，进入90年代后游戏机更是进入飞跃发展阶段。

　　1994年12月3日，SONY推出了自己的32位家用游戏机PLAY STATION，简称PS。PS在发售之初就以其出色的画面吸引了众多第三方软件厂商的注意，而且SONY在对待第三方厂商的态度上与任天堂截然不同。SONY对第三方软件厂商提出了非常优惠的政策，在优秀机能的保证下，再加上优惠政策，大批第三方软件厂商加入了SONY的阵营，在PS发售时已经有100余家第三方软件厂商加入了SONY阵营。

▲ 图1-2　Famicom简称FC

2000年3月4日，SONY开始正式发售其新一代的家用游戏机PlayStation 2，简称PS2。PS2采用的处理器是128位的EE，运行频率为295MHz；另有一显示核心GS，运行频率是147MHz，多边形处理能力达到了7500万次/秒，是PS的200倍。内置32MB内存和4MB显存，另配有4倍速的DVD-ROM光盘驱动器。售价39800日元。PS虽然拥有一些简单的网络功能，如上网、收发E-mail和网络游戏等，但PS2的设计核心依然是3D单机游戏，如图1-3所示。

▲ 图1-3　SONY一代、二代PS主机

2001年11月15日，Microsoft在纽约和旧金山举办了盛大的XBOX午夜首卖活动，世界首富Bill Gates亲临纽约时代广场，并在零点一分亲自将第一部XBOX递给热心的玩家，并与其一同体验了XBOX的独特魅力。

XBOX这台通用PC拥有着强悍无比的硬件组合：采用的处理器是Intel P3 733MHz，采用的显示核心是NVIDIA的特制绘图芯片，运行频率是233MHz，多边形处理能力达到了前所未有的1.165亿次/秒，这比PS2的7500万次/秒要强大50%，并且内置一个8GB的硬盘和64MB的内存，软件载体是5倍速DVD-ROM，并配备有10/100Mbit/s以太网接口。

2005年11月22日，微软推出了XBox360游戏机，这台"潘多拉的魔盒"实在充满了诱惑。次世代战争的帷幕已由XBox360率先掀起。XBOX360拥有众多欧美玩家用户，在欧美地区占到了天时地利的优势。在提前发售的一年之中，占有了大量的欧美游戏市场，如图1-4所示。

▲ 图1-4　Microsoft XBOX360 主机

2006年12月，日本任天堂公司推出了用来接替NGC的新时代游戏机WII。出乎很多人意料的是，WII虽然机能表现与同代的PS3以及早一年发售的Xbox 360有一定差距，但还是在全球范围内热销，如图1-5所示。

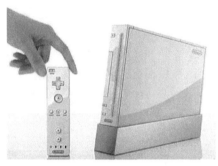

▲ 图1-5　任天堂 WII

从"红白机"到现在的次世代游戏机，20多年的时间里，游戏机发生了重大的变革。其中，游戏机处理器从单纯的只能处理一些简单的文本程序和小型的学习程序，发展到现在拥有媲美电脑的运算能力。现在的次世代游戏机机配上高性能的处理器，已经不再是单纯的游戏机了，它逐渐集合、游戏、影音、网络于一身，不断朝着多元化发展。

1.2　中国游戏产业发展史

1991年大宇成立了一个建造游戏世界的工作室"狂徒工作室"，并制作出了一款影响了整整一代人的游戏——《仙剑奇侠传》。

《仙剑奇侠传》最早的版本是1995年7月10日发行的DOS版，当时先是在中国台湾地区发行了光碟版和磁片版，之后才在大陆地区发行了光碟版。虽然也许现在再次运行DOS回顾最初版本的仙剑，会觉得看到的画面简直是惨不忍睹，可当年它在我们的眼里却是神一般的存在。简简单单的一段爱情故事，通过游戏却能演绎得让人肝肠寸断，每一段新的经历，每一次新的邂逅，每一个新的场景，每一个新的仙术都让我们深陷其中不能自拨。仙剑的音乐也让很多玩家领略到了一种新的魅力，彩依飞舞，蝶恋纷飞，俗套的故事，俗套的结局，却有着让人流泪的感动。人力再强终究是敌不过"宿命"的力量，整个《仙剑奇侠传》讲述的就是一个"宿命"的传说。其后，大宇又推出了多个版本的《仙剑奇侠传》以适应各种平台。2001年7月21日，《新仙剑奇侠传》深情灵儿版、挚爱月如版发行，这个版本中的画质得到了极大的提升，全新的2D回合画面就算放到现在来看也是极为舒服的，如图1-6所示。

▲ 图1-6　《仙剑奇侠传一》

2000年可以称为中国网络游戏的"元年"。因为这一年，由华彩软件代理的《万王之王》（见图1-7）在中国大陆正式上线运营，并取得了成功；同时智冠的《网络三国》和华义代理的《石器时代》也相继加入中国大陆网络游戏市场；联众游戏平台也是在2000年正式开始收费。这标志着网络游戏已经成功地构建起了自己最早的商业模式，开始在中国大陆地区市场上攻城略地。

▲ 图1-7　《万王之王》

单机游戏，在网络游戏以及盗版的冲击下气息越来越微弱，此后除了一些代理公司依靠引进国外著名作品而使单机游戏出现过短暂的回光返照外，中国大陆地区游戏市场在很短的时间内就完成了网络化的过程。

2000年–2003年，中国网络游戏市场是一个代理为主，运营为王的时期，而国内原创网络游戏，当时还远远没有形成气候。这一时期，依靠代理运营网络游戏成长起来一批以盛大为代表的大型游戏上市公司，在依靠代理运营网游积累了大量资金后，多数转向自我研发方向。成为了日后中国原创网络游戏领域举足轻重的角色；以金山、目标软件为代表的在单机时代成长起来的原创游戏公司这时则及时地转向网络游戏开发，从而成功地过渡到了网络游戏时代，成为中国原创网络游戏制作的另外一支力量；网易和《大话西游》代表着日后中国网络游戏研发的第三支力量。互联网公司及来自其他领域的资本在看到网络游戏的巨大市场后依靠雄厚的资金力量吸引人才甚至直接收编游戏研发团队，从而能够在较短时间内推出成熟的产品。

2001年5月，"联众世界"经过3年多的迅速成长，以同时在线17万人、注册用户约1800万的规模，成为当时世界用户数量第一的在线游戏网站。与联众同属中国上市公司海虹控股的亚联游戏，通过《千年》等网络游戏运营，也在中国游戏市场占有了一定份额。

2001年末，上海盛大代理的韩国网络游戏《传奇》正式上市，2002年盛大宣布《传奇》最高同时在线人数突破50万，成为全球用户数量第一的网络游戏，如图1-8所示。

2002年初，亚洲第一款3D网络游戏、台湾昱泉国际制作的《笑傲江湖网络版》正式在中国大陆地区运营。同期，台湾地区的网络游戏股王——游戏桔子正式成立北京公司。至此，台湾地区七家上市游戏公司聚齐大陆。

▲ 图1-8　《传奇世界》

2002年，继网易推出《大话西游》与《精灵》之后，新浪与Ncsoft成立合资公司经营《天堂》，搜狐也宣布运营网络游戏《骑士 Online》。国内三大门户网站全面进军网络游戏市场。

2003年12月面市的《梦幻西游》是一款由中国网易公司自行开发并营运的网络游戏。游戏以著名的章回小说《西游记》故事为背景，透过Q版的人物，试图营造出浪漫的网络游戏风格。《梦幻西游》拥有注册用户超过2.5亿，一共开设收费服务器达472组，最高同时在线人数达271万，是当时中国大陆同时在线人数最高的网络游戏。此外，还有由网易携手上海漫唐堂文化传播有限公司倾力打造的漫画版，如图1-9所示。

▲ 图1-9　《梦幻西游》

2010年，获得《魔兽世界》（见图1-10）运营权的网易公司，在营收方面进一步加快步伐；而腾讯则借助自己庞大的客户群体，使其发展规模远超其他网络游戏运营企业，成为了当仁不让的冠军。

▲ 图1-10 《魔兽世界》

当人们认为单机游戏产业已经接近寸草不生的时候，2010年的《古剑奇谭》（见图1-11）成为了国产单机游戏行业中的一匹黑马。尽管它并非尽善尽美，但它的成功仍然证明了单机游戏在中国玩家群体中依然有着广泛的群众基础。

▲ 图1-11 《古剑奇谭》

2011年5月，由南京军区有关部门与无锡巨人网络科技有限公司历时2年携手开发的军事游戏《光荣使命》（见图1-12）研发完成。被行业专家称为"军事游戏的一个突破，游戏产业的一个创举"。这些优秀作品的不断涌现预示着在未来的几年内中国游戏产业将会蓬勃发展。

▲ 图1-12 《光荣使命》

自20世纪90年代中期以来，游戏玩家成为了游戏内容的第四方开发者，使得更多开放源代码模型的游戏设计开发和工程出现了。玩家创建用户修改的游戏（MOD），在某些情况下与原游戏一样流行，甚至比原游戏更受欢迎。这方面的一个典型例子是游戏《反恐精英》，开始只是电子游戏《半条命》的一个模组，而最终成为了一个非常成功的发行游戏。虽然这种"修改者共享"可能只能使特定的游戏用户数量增加1％左右，但数量的增加将提供更多的修改游戏机会（如发放源代码），并且会伴随国际玩家群体的上升而增加。据推测，到2015年将存在多达800000名的在线游戏公共开发者。这将有效地为游戏产业价值链增加一个新的组成部分，并且如果能够继续走向成熟，它将融入整个行业。

1.3 游戏开发平台——游戏引擎

　　游戏引擎是指一些已经编写好的可编辑电脑游戏系统或者一些交互式实时图像应用程序的核心组件。这些系统为游戏设计者提供编写游戏所需的各种工具，其目的在于让游戏设计者能更简单、快速地做出游戏程式而不用由零开始。大部分游戏引擎都支持多种操作平台，如Linux、Mac OS X、Microsoft Windows等。游戏引擎包含以下系统：渲染引擎（即"渲染器"，含二维图像引擎和三维图像引擎）、物理引擎、碰撞检测系统、音效、脚本引擎、电脑动画、人工智能、网络引擎以及场景管理。

　　游戏引擎就是一个可以让你在现代的硬件上创造游戏的一种技术。不管是你需要为最新的个人电脑，还是为类似 SONY 和 Microsoft 的家用游戏机创作互动产品，游戏引擎都会帮你处理光影和场景数据的渲染，控制游戏环境中物体间的物理互动，并确保动画可以在AI 逻辑的控制下圆滑地无缝地混合起来。同时可以根据镜头上的动作和气氛选择播放音乐，并且在场景中的物体碰撞互动时，实时地混合音效和视觉特效。游戏引擎还负责控制从硬盘到内存所需的数据流量，并且提供必要的网络编码以更好地支持多人在线游戏。

　　我们可以把游戏的引擎比作赛车的引擎，引擎是赛车的心脏，决定着赛车的性能和稳定性，赛车的速度、操纵感这些直接与车手相关的指标都是建立在引擎的基础上的。游戏也是如此，玩家所体验到的剧情、关卡、美工、音乐、操作等内容都是由游戏的引擎直接控制的，它扮演着发动机的角色，把游戏中的所有元素捆绑在一起，在后台指挥它们同时、有序地工作。简单地说，引擎就是"用于控制所有游戏功能的主程序，从计算碰撞、物理系统和物体的相对位置，到接受玩家的输入，以及按照正确的音量输出声音等。"

　　无论是2D游戏还是3D游戏，无论是角色扮演游戏、即时策略游戏、冒险解谜游戏或是动作射击游戏，哪怕是一个只有1兆的小游戏，都有这样一段起控制作用的代码。经过不断的进化，如今的游戏引擎已经发展为一套由多个子系统共同构成的复杂系统，从建模、动画到光影、粒子特效，从物理系统、碰撞检测到文件管理、网络特性，以及专业的编辑工具和插件，几乎涵盖了开发过程中的所有重要环节。

1992年，3D Realms公司/Apogee公司发布了一款只有2兆多的小游戏——《德军司令部》（Wolfenstein 3D），稍有资历的玩家可能都还记得初接触它时的兴奋心情，用"革命"这一极富煽动色彩的词语也无法形容出它在整个电脑游戏发展史上占据的重要地位。这部游戏开创了第一人称射击游戏的先河，更重要的是，它在x轴和y轴的基础上增加了一根z轴，在由宽度和高度构成的平面上增加了一个向前向后的纵深空间，可想而知这根z轴带来的变化对那些看惯了2D游戏的玩家造成的冲击有多大，如下图所示。

Wolfenstein 3D引擎的作者是大名鼎鼎的约翰·卡马克（见图1-13），这位id Software公司的首席程序师正是凭借这款Wolfenstein 3D引擎在游戏圈里站稳了脚跟。

▲ 图1-13　3D引擎之父——约翰·卡马克

游戏引擎的出现也在另一方面促进着游戏的开发。随着显卡性能越来越强，游戏的画质越来越高，游戏开发周期也越来越长，通常都会达到3~5年，而自行开发游戏引擎的话时间还会更长，所以大多数游戏公司还是选择购买现成的游戏引擎，简化游戏的开发过程。显卡是游戏的物理基础，所有游戏效果都需要有一款性能足够的显卡才能实现。在显卡之上是各种图形API，目前主流的是DirectX和OpenGL，我们所说的DX10、DX9就是这种规范，而游戏引擎则是建立在这种API基础之上，控制着游戏中的各个组件以实现不同的效果。图1-14所示为英伟达GTX680游戏显卡。

▲ 图1-14　英伟达 GTX 680 游戏显卡

引擎的另一个重要功能是提供物理系统，这可以使物体的运动遵循固定的规律。例如，当角色跳起的时候，系统内定的重力值将决定他能跳多高以及他下落的速度有多快，另外，子弹的飞行轨迹、车辆的颠簸方式也都是由物理系统决定的。

碰撞探测是物理系统的核心部分，它可以探测游戏中各物体的物理边缘。当两个3D物体撞在一起的时候，这种技术可以防止它们相互穿过，这就确保了当你的角色撞在墙上的时候，不会穿墙而过，也不会把墙撞倒，因为碰撞探测会根据你和墙之间的特性确定两者的位置和相互的作用关系，如图1-15所示。

◀ **图1-15 引擎物理碰撞效果**

渲染无疑是引擎最重要的功能之一，当3D模型制作完毕之后，美工会按照不同的面将材质贴图赋予模型，这相当于为骨骼蒙上皮肤，最后再通过渲染引擎把模型、动画、光影和特效等所有效果实时计算出来并展示在屏幕上。渲染引擎在引擎的所有部件当中是最复杂的，它的强大与否直接决定着最终的输出质量，如图1-16所示。

◀ **图1-16 游戏引擎及时渲染效果**

引擎还有一个重要的职责就是负责玩家与电脑之间的沟通，处理来自键盘、鼠标、摇杆和其它外设的信号。如果游戏支持联网特性的话，网络代码也会被集成在引擎中，用于管理客户端与服务器之间的通信。

引擎相当于游戏的框架，框架打好后，关卡设计师、建模师、动画师只要往里填充内容就可以了。因此，在3D游戏的开发过程中，引擎的制作往往会占用非常多的时间。于是出于节约成本、缩短周期和降低风险这三方面的综合考虑，越来越多的开发者倾向于使用第三方的现成引擎来制作自己的游戏。

每一款游戏都有自己的引擎，但真正能获得他人认可并成为标准的引擎并不多。纵观十多年的发展历程，促使引擎发展的最大驱动力来自3D游戏，尤其是3D射击游戏。尽管像Infinity这样的2D引擎也有着相当久远的历史，从《博德之门》（Baldur's Gate）系列到《异域镇魂曲》（Planescape：Torment）、《冰风谷》系列（Icewind Dale），但应用范围毕竟局限于"龙与地下城"风格的角色扮演类游戏，包括颇受期待的《无冬之夜》（Neverwinter Nights）所使用的Aurora引擎，它们都有着十分特殊的使用目的，很难对整个引擎技术的发展起到推动作用，这也是为什么体育模拟游戏、飞行模拟游戏和即时策略游戏的引擎很少进入授权市场的原因——开发者即便使用第三方引擎也很难获得理想的效果。

1998年正当Quake II 独霸整个引擎市场的时候，Epic Megagames公司（即现在的Epic游戏公司）研发的FPS游戏《虚幻》（Unreal）问世了。尽管当时只是在300×200的分辨率下运行的这款游戏，但除了精致的建筑物外，游戏中的许多特效，如荡漾的水波，美丽的天空，庞大的关卡，逼真的火焰、烟雾和力场等，即便在今天看来依然很出色。

EPIC GAMES凭借《Unreal》的出色表现而名声大噪，两年之内就有18款游戏与Epic公司签订了许可协议，这还不包括Epic公司自己开发的《虚幻》资料片《重返纳帕利》。其中比较近的几部作品如第三人称动作游戏《北欧神符》（Rune）。角色扮演游戏《杀出重围》（Deus Ex）以及永不上市的第一人称射击游戏《永远的毁灭公爵》（Duke Nukem Forever）等，都曾经或将要获得不少好评，如图1-17所示。

◄ 图1-17　现代FPS《BATTERY》

Unreal引擎的应用范围不仅限于游戏制作，还涵盖了教育、建筑等其他领域。Digital Design公司曾与联合国教科文组织的世界文化遗产分部合作采用Unreal引擎制作过巴黎圣母院的内部虚拟演示；Zen Tao公司采用Unreal引擎为空手道选手制作过武术训练软件；另一家软件开发商Vito Miliano公司也采用Unreal引擎开发了一套名为"Unrealty"的建筑设计软件,用于房地产相关工作的演示。

从2000年开始,3D引擎朝着两个不同的方向分化。一是如《半条命》、《神偷》和《杀出重围》那样通过融入更多的叙事成分和角色扮演成分以及加强游戏的人工智能来提高游戏的可玩性;二是朝着纯粹的网络模式发展,在这一方面,id Software公司抢得先机,他们意识到与人斗才是其乐无穷的,于是在Quake II出色的图像引擎的基础上加入更多的网络成分,破天荒推出了一款完全没有单人过关模式的纯粹的网络游戏——《雷神之锤3竞技场》(Quake 3 Arena),它与Epic公司稍后推出的《虚幻竞技场》(Unreal Tournament)一同成为引擎发展史上的一个转折点。

2006年,前两代虚幻让EPIC GAMES从一个无名小卒发展成为业界领军,但是在EPIC GAMES开发的多款虚幻引擎中,最为大红大紫的无疑还是虚幻3。从2004年发布起,基于这款游戏引擎诞生了大量经典游戏大作,历经改进,时至今日该引擎依然宝刀未老,即使说它影响了整个FPS游戏的风格亦不为过。它在世界游戏引擎发展史上留下了浓墨重彩一笔。

虚幻3引擎(Unreal Engine 3)是一套为DirectX 9/10 PC、Xbox 360、PlayStation 3平台准备的完整的游戏开发构架,它提供了大量的核心技术阵列和内容编辑工具,适合高端开发团队的基础项目建设。

虚幻3引擎的所有编写观念都是为了使内容制作和编程开发更加便捷。它可以使美术开发人员极少接触程序开发内容,仅仅使用抽象程序助手就可以自由创建虚拟环境。提供的智能化的程序模块和面向对象的开发构架无疑可以让创建,测试,和完成各种类型的游戏制作变得更为简单高效。

虚幻3引擎给人留下最深印象的就是其极端细腻的人物和物品模型。通常游戏的人物模型由几百至几千个多边形组成,并在模型上直接进行贴图和渲染等工作从而得到最终的画面。而虚幻3引擎的进步之处就在于在游戏的制作阶段,引擎可以支持制作人员创建一个数百万多边形组成的超精细模型,并对模型进行细致的渲染,从而得到一张高品质的法线贴图,这张法线贴图中记录了高精度模型的所有光照信息和通道信息。在游戏最终运行的时候,游戏会自动将这张带有全部渲染信息的法线贴图应用到一个低多边形数量(通常在

▲ 图1-18 使命召唤:现代战争

5000~15000多边形)的模型上。这样的结果就是游戏的模型虽然多边形数量比较少但是其渲染精度几乎和数百万多边形的模型一样,可以在保证效果的同时在最大程度上节省显卡的计算资源,如图1-18所示。

2007年,CryENGINE 3引入的这个"沙盒"是全球首款"所见即所玩"(WYSIWYP)游戏编辑器,现已发展到第三代,功能提升到了一个全新层次,并扩展到了PS3和X360平台上,允许实时创作跨平台游戏,另外工具包内的创作工具和开发效率也都得到了全面增强。开发人员不仅可以在PC上即时预览跨平台游戏,而且一旦在PC的沙盒上对原始艺术资源内容进行更改,CryENGINE 3就会立即自动对其进行转换、压缩和优化,并更新所有支持平台的输出结果,开发人员也能立刻看到光影、材料和模型的改变效果,如图1-19所示。

▲ 图1-19 CE3游戏引擎

除了最初的图形渲染功能之外,现在的游戏引擎已经成为了一个包含3D建模、动画设计、光影特效、AI运算、碰撞检测和声效处理等多个子系统在内的全功能引擎。全功能、模块化、按需订购的设计使得这类游戏引擎成为市场上的主流,更能满足游戏厂商的需求,而一些特殊且专业的引擎,如物理引擎、植被引擎等都集成在通用型游戏引擎里,如虚幻3引擎集成的PhysX和SpeedTree引擎,Source引擎集成的Havok物理引擎等。

 游戏公司的岗位构架与分工

1. 游戏公司基本概念

游戏公司一般是指游戏开发公司或游戏发行、代理公司。游戏公司要开发游戏需要游戏造型、游戏动画、3D美工、纹理师、原画设计师、建模师、UI制作、引擎场景美工和网游程序员等的共同配合。

2. 游戏公司的构架

游戏开发的构成,包括开发人员内部开发与外包。一般来说,游戏设计、程序员和美术(也有部分美术用外包的)是内部开发,而音乐、CG、部分美术等,是由外包完成的。游戏设计、程序以

及美术等部门，每个里面都有比较明确的职位。

3. 游戏行业岗位分工

随着游戏行业的飞速发展，游戏制作成为当前热门的就业方向。要成为真正的游戏制作人，首先需要了解游戏制作的相关岗位。制作一款网络游戏需要原画、2D、3D、程序设计和策划这五个重要部门的相互配合。

策划部门：从游戏制作开始到结束、从游戏中的原画到2D上色再到3D建模、从画面到程序设计的整体把握和控制，策划部门都起着关键的作用，他们要对整个游戏制作的步骤以及内容进行统筹安排。

程序部门：游戏中的程序设计按照策划人员的意思对游戏中的画面以及游戏中所需要的功能进行编程。

原画部门：策划部门完成角色身高、性格、性别、服装等构想设定后，把构想与原画设计人员进行协商，完成每个游戏角色原画个性设计。

2D部门：给游戏最初的素描稿设定颜色，表现一个故事背景色彩，需要对每一个场景、每一个角色的颜色设计进行严谨细致的把控。同时，原画非常重视氛围的刻画，如游戏要表现雪景，首先考虑的就是冷色调设计。

3D部门：三维模型师通过各个部门合作制成的游戏原画制作三维模型。

具体步骤图如图1-20所示。

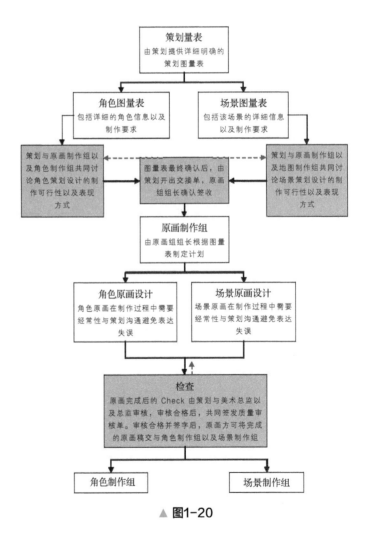

▲ 图1-20

第2章

游戏角色制作要求

本章主要讲解人体头部和身体部分的结构，细致讲解了人体每个部分比例关系、游戏中角色的比例关系以及特殊人体比例关系。规范在实际工作中经常遇到的人体比例关系处理问题，一些看似比较小的问题也可能导致人物设计的不协调。

2.1 游戏角色原画要求

原画制作设定提供游戏美术内容制作的依据，原画必须符合游戏的整体风格和设定。以角色设定为例，要包括人物的性格、年龄、穿着以及其他一些策划标注的要素。一般原画师在接到原画任务时得到的是一个图量需求表，表单里会给出以下描述。

职业： 剑客

性别： 男女形象各一

性格： 男性，冷酷、果敢；女性，妩媚，温婉

年龄： 20岁左右

形象： 剑客（男），身材消瘦挺拔，面容冷峻……

剑客（女），天使的脸蛋魔鬼的身材……

使用武器： 长剑、细剑、重剑等的描述

原画师必须要根据这些描述去绘制人物形象，而不是完全天马行空。作为游戏原画设定，与一些插画师，海报绘制师的工作有所不同，由于当下很多游戏都是使用3D MAX制作，所以原画师的设定必须能够绘制出人物、道具的多视角图，一般人物多为正面和背面，有些细部必须特别说明和细化，如图2-1所示。

原画师在游戏团队内的需求量很大，薪资待遇较高，但同时公司对原画师的要求也较高，通常录用比例为1/10左右。

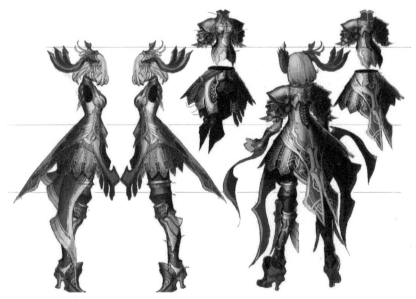

◀ 图2-1

2.2 游戏角色模型要求

模型制作是指将原画师绘制完成后的设定稿作为模型制作的依据，完成三维模型的制作，其中要根据原画人体比例、年龄、体型、性别、职业还有种族的区别而分别建模。在保证模型造型与原画设定相仿的基础上确定模型各部分布线规矩，保证无废线乱线。同时要求面数合理，避免游戏运行中机器无法运行。

一般模型师在接到建模任务时，要根据一张模型的原画设定稿进行建模。原画中给予了角色不同视角的完整比例，角色比例是建模过程中的必要内容，如图2-2所示。

◀图2-2

完整的游戏角色模型设计工作的第一步需要有一个完整的人体结构形态，通过基础形态来完成各种各样的角色设计，那么就需要自己准备一个"库"，把自己制作完成的人体保存起来，每当需要制作模型时，都可以调用库中的模型进行并相应的修改来完成整体工作。

同时，要求模型的面数不应太多，在图2-3中模型全部为四边面，三边面和大于四个边的面为零，这是建模的基本要求。过多的三边面会导致模型无法达到整体圆滑，大于四个边的面尽量不要出现。

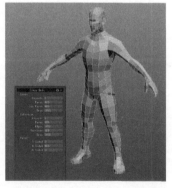

◀图2-3

精美的模型都有其准确的几何比例关系，游戏世界的一切都是从一个BOX开始的，所以虽然现在技术越来越简化，软件也越来越简单，但基础从未改变。建模过程是一个不断对模型的比例进行细化与调节的过程，人体比例在整体模型的比例中是非常重要的内容，如图2-4所示。

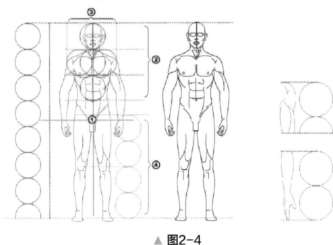

▲ 图2-4

2.3 游戏角色模型比例要求

角色的布线方式与角色的动画设计息息相关，布线的方式一定要与肌肉运动的方向相符合，否则很难表达出想要的表情与动画。布线的过程是很繁琐的，关键部位要丰富布线，如果没有足够的可控点，动画过程中的模型会出现问题。面部表情肌属于皮肤，是一些薄而纤细的肌纤维，一般起于骨或筋膜，止于皮肤，收缩时牵动皮肤，使面部呈现出各种表情。眼部和嘴部是面部最为活跃的区域，其他部位则相应的会受这两部分的影响而发生变化，因此重点关注这2个部分的肌肉走向位置和运动方式。

从正面看人的头部，从发髻到眉弓，从眉弓到鼻头，从鼻头到下欲的3段距离是相等的，这称为"三停"，另外"五眼"是指两只耳朵之间的距离为5只眼睛的距离。成年人的眼睛大概在头部的1/2处。儿童和老人的眼睛略在头部的下1/3处，两耳在眉弓与鼻头之间的平行线内。这些普通化的头部比例只能作为我们制作CG角色时的一个参考。在实际制作中可以根据实际情况灵活运用，如图2-5所示。

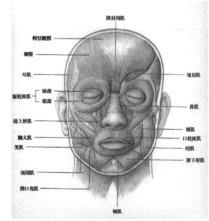

▲ 图2-5

原画设计师要想充分掌握人体表现技巧，首先就要了解人体特征与比例关系的表达，只有详细了解人体各个部位的特征及在运动中的表现，才能够设计出生动传神的人体及动态角色原画。

人的躯干从颈部到骨盆为止都是由脊椎连接的，正常人的脊椎从侧面看呈S形。胸部前面的骨骼称为胸骨；肋骨从前面的胸骨开始呈椭圆形围绕到脊椎，组成了胸腔；肋骨从胸骨开始向下延伸，直到身体两侧，此时为肋骨的最低位置；躯干下部，也就是骨盆的部分常呈楔状，由脊椎和逐渐缩小的腰腹肌肉与椭圆形的胸腔相连，并与胸腔部分形成了鲜明的对比。从通常的站立姿势上看，人体躯干的两个大块呈现出相对平衡的关系，以保持站立时的平衡。胸腔后倾、肩膀后拉、胸腔正面突出；下部的骨盆后倾、下腹内收、后臀部呈弧形拱起。四肢的块体比较相似，都可以伸展由两节组成，每节的形状都可以概括成圆柱体和圆锥体。人的上肢下垂后，肘部关节一般在从头部开始3倍头部长度左右的位置上，而且上臂比下臂长。在正常站立的时，人的小腿基本垂直于地面，大腿和骨盆前倾，并与小腿产生一定的角度，小腿比大腿略长。

在制作写实类角色时首先要进行人体的划分，通常情况下，头与身高的比例为1：8，具体的比例关系如下。

1. 第一头长到卜颌底线。

2. 第二头长位于乳高点。

3. 第三头长位于腰节线。

4. 第四头长位于臀围线。

5. 第五头长位于大腿中部。

6. 第六头长位于膝关节处。

7. 第七头长位于小腿中部。

8. 第八头长位于脚根部。

正常人体的比例是以头长为单位的。在亚洲人体长度通常为七到七个半头长，即头顶到脚跟的长度为七个半头长，在古代曾有"立七坐五盘三半"的说法，如图2-6所示。

▲ 图2-6

　　角色设定中比较唯美的体型为九头身，意思就是头部的长度与身高的比例为1：9。计算方法为"身高"除以"头长"约等于9。例如：身高165/头高22=7.5 那么就是7头身，约等于8头身。"九头身"是最好的身材比例，通常很多国际名模都是九头身。

　　特殊情况下在制作游戏时，可以把人物设定为8~9头身。这个设定比例多出现在韩国和日本游戏当中，部分国产游戏中也如此设定。一些对肌肉、流线要求比较强的角色还是以1：7.5的比例为主，如图2-7所示。

▲ 图2-7

第**3**章

游戏武器制作流程

本章主要讲解网络游戏中武器道具的制作流程。从学习基础几何体和扩展几何体开始，到能掌握各类游戏道具的制作思路和做法，并对武器制作中的模型制作、UVS展开、贴图制作和材质赋予等环节进行细致讲解。

　游戏武器制作概述

游戏武器在游戏中的主要作用是吸引玩家目光，争取创造一个逼真的视觉冲击效果，使人们在惊叹游戏绚丽逼真视觉效果的同时激发出更多的想象。

游戏道具在整个游戏制作流程中是比较费时的，要求制作人与策划部、程序部、场景组、角色组、动画组之间要有良好的沟通。游戏武器也应归入道具组的制作范畴，根据游戏内容可以划分不同的游戏武器，如长剑、短剑、长枪、长刀、弓、弩、锤、刺等。根据项目的需求，游戏道具由二维、三维等软件完成，再配合游戏引擎实现最终效果，如图3-1所示。

◀ 图3-1　游戏武器道具

网络游戏进入我国已经有一段时间了，从网游发展的趋势来看，它即将成为一种主流的娱乐方式，同时也成就了一些成熟的大公司和一些雨后春笋的小公司。在现代社会中，想要使一款游戏能够吸引玩家，就要突破游戏的整体质量水平，不只是要求游戏的画面精致，更重要的是视觉上的冲击力，当然程序和策划也占了举足轻重的作用。

武器的制作相对于游戏中的场景和角色来说比较简单，但是想要制作出好的效果，还需要从业者花费大量的精力和时间。

在游戏中真正最值钱的内容，是花多少钱也买不够的装备。网络游戏《征途》以其出众的营销模式给所有的网络游戏厂商都上了一课。在别的网络游戏还在关心用户竞争公平问题的时候，《征途》开创了用金钱来分高低的游戏模式：在游戏里有无穷无尽可以用钱购买的道具，只要愿意，成千上万的人民币都能化成游戏里的战斗力。玩家之间拼的不是时间而是金钱，而这些钱都流到了厂商的口袋里。这就是网络游戏和商业结合的魔力，是让每一个厂商都垂涎的案例，这说明游戏武器及游戏中的一些道具在游戏中代表的价值很高。

3.2 游戏武器模型制作

3.2.1 上部戟刃制作

在制作道具前，要先对案例进行制作流程分析。制作流程可分为战戟模型上部戟刃制作 – 侧部戟刃模型制作 – 中部结构模型制作 – 战戟手柄制作 – 底部装饰制作。本案例中可以从战戟上部戟刃开始制作模型，具体操作步骤如下。

单击■创建命令面板中的◎几何体按钮，激活Object Type卷展栏中的Plane按钮，在前视图中创建一个面，完成面创建，如图3-2所示。（注：F3显示面。）

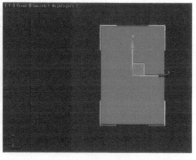

◀ 图3-2

单击■修改命令面板，激活Parameters面板中的下拉菜单调节模型参数，如图3-3所示。把模型的长度、宽度分段设置为1。（注：再次按F3隐藏面。）

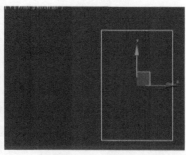

◀ 图3-3

设置模型的坐标轴，X、Y、Z为0对其中心轴，如图3-4所示。（注：G键隐藏参考线。）

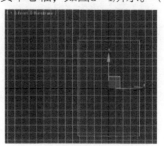

◀ 图3-4

完成模型创建后，首先在模型上赋予武器参考图，然后通过参考图制作武器模型。单击材质编辑器按钮，打开材质编辑器，选择一个材质球，在材质球下拉菜单中选择Diffuse漫反射贴图后的方格子为材质球添加材质，如图3-5（左）所示。在弹出的对话框中选择Bitmap位图，为模型添加一个贴图材质，如图3-5（右）所示。

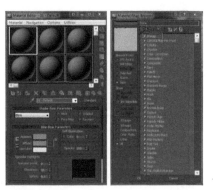

◀图3-5

选择位图，弹出贴图打开界面，选择需要赋予的图片并双击将其打开，如图3-6所示。

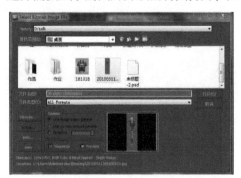

◀图3-6

选择创建好的模型，选中材质球并单击赋予材质按钮，再单击显示材质按钮，把贴图赋予到模型上，如图3-7所示。

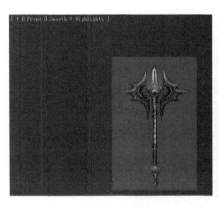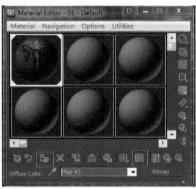

◀图3-7

模型比例不协调，选择模型修改面板设置图片的长宽比例为1705×529，如图3-8所示。

完成模型与贴图创建后，对模型进行冻结，在冻结模型下可以更好地对武器模型进行创建。选择模型后单击鼠标右键，选择Freeze Selection冻结物体，如图3-9所示。

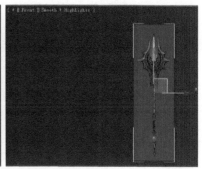

▲ 图3-8

当我们单击冻结后模型变成白模，这时需要调节模型显示设置。选择■显示按钮，选择下拉菜单Display Properties 显示属性中的 Show Frozen in Gray，将以灰色显示冻结对象命令中对勾去掉，再次冻结模型就可以看到模型贴图效果，如图3-10所示。

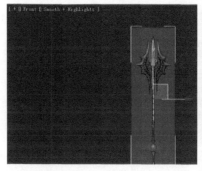

▲ 图3-9

▲ 图3-10

单击■创建命令面板中的几何体按钮，在前视图中创建一个Box盒子，并把模型对齐到背景参考图上，如图3-11所示。

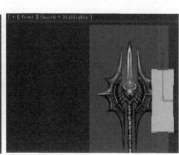

▲ 图3-11

将Box模型坐标轴位置x、y分别调为0，将模型对齐中心轴，选中模型使用快捷键【Ale+X】半透明，把模型设置为半透明，如图3-12所示。

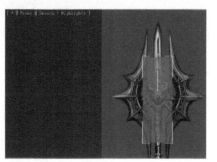

▲图3-12

把模型设置为线框显示，选中模型并对其进行分段设置将Width Segs 设置为2，如图3-13所示，为模型加入一条中线。

▲图3-13

选中模型并单击鼠标右键，选择Convert To-Editable Poly ，转换为可编辑多边形，如图3-14所示。

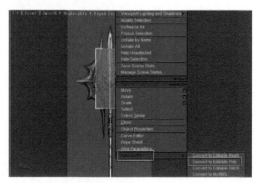

▲图3-14

转换为多边形建模方式后，修改面板出现多边形建模界面。其中包括五种建模方式：点、边、边界、面和元素，对应的快捷键分别为1、2、3、4、5。如图3-15所示。

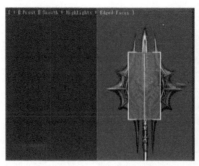

◀ 图3-15

武器尖部模型制作，前视图中把模型移动到武器参考图尖部，与背景图匹配位置，对齐轴向，如图3-16所示。

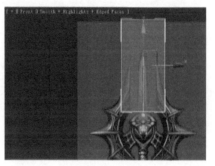

◀ 图3-16

选中模型，使用快捷键2，选择边选项，选中一条边，或按快捷键【Alt+R】选择一圈边，如图3-17所示。

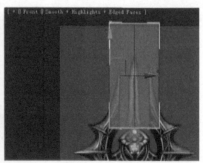

◀ 图3-17

使用快捷键【Ctrl+Shift+E】为选中边加上一条中线，如图3-18所示。

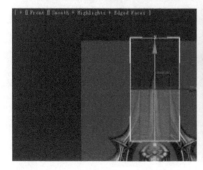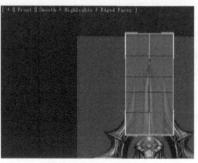

◀ 图3-18

使用快捷键1切换到回点选项,调节点位置与参考图匹配,如图3-19所示,调节出模型大体轮廓。

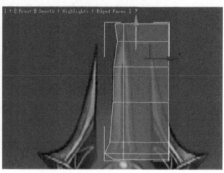

◀图3-19

使用快捷P切换到透视图,切换到回点选项,使用快捷键【Ctrl+Shift+W】进行目标点焊接,把两点进行焊接,如图3-20所示,完成模型尖部模型效果。

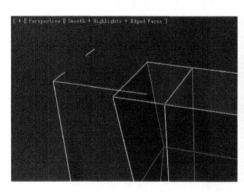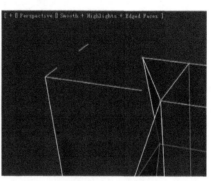

◀图3-20

切换至前视图,对完成的模型进行简单调整,选中模型右半部,按Delete键将其删除,如图3-21所示。

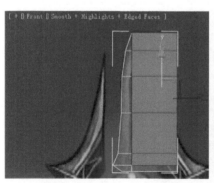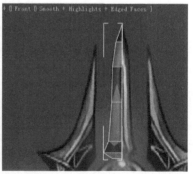

◀图3-21

选中模型,选择 修改按钮,打开Modifier List 修改器列表,在下拉扩展卷中找到Symmetry对称,为模型加入对称命令,并在对称修改面板上修改相应参数,如图3-22所示。

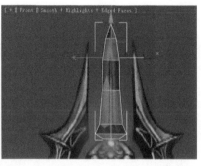

◀ 图3-22

选中模型，选择█修改面板，选择Editable Poly 可编辑多边形，单击█显示最终效果按钮，在对称命令下对模型进行可编辑多边形命令，如图3-23所示。

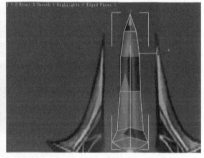

◀ 图3-23

单击█点选项，调节模型点位置与参考图匹配，按快捷键【Alt+C】切线，为模型制作细部结构线，如图3-24所示。

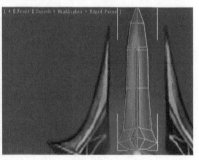

◀ 图3-24

至此，模型已经基本完成。下面在完成模型正面的基础上，对模型的背面进行对称命令，把模型的背面制作出来。单击█边选择，切换到顶视图为模型加一根中线，如图3-25所示。

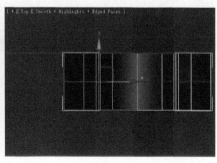

◀ 图3-25

三维游戏角色设计

单击▣面选择，选中一半模型并删除，如图3-26所示。

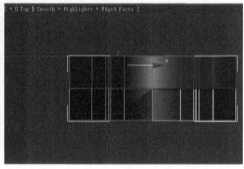

◄图3-26

切换透视图，为模型加入修改器模型Symmetry 对称命令，调节对称参数，如图3-27所示。对称轴为Z轴，按快捷键【Alt+Q】独立显示物体。

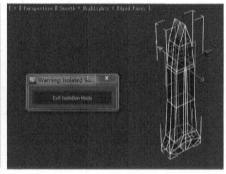

◄图3-27

完成模型对称后，保存模型制作过程。选中修改器命令Symmetry对称，单击鼠标右键弹出对话框，如图3-28（左）所示，选择Collapse All 塌陷全部，弹出图3-28（右）所示对话框，询问是否塌陷模型，选择Yes。

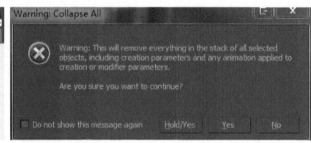

◄图3-28

单击▣点选项，为模型制作刀刃部分的线，如图3-29所示。使用快捷键【Alt+C】切线命令，完成切线后，对模型进行对称命令。

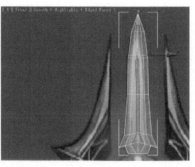

◀图3-29

切换到透视图，单击█边选项，选择模型侧边的刀刃部分模型，按快捷键【Ctrl+Alt+C】强制焊接命令，如图3-30所示。

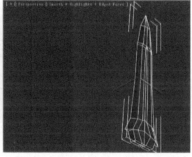

◀图3-30

完成模型后，单击█点选项，调节模型表面肌理效果，如图3-31所示，模型底部有比较突出的宝石形状，武器顶部模型完成。

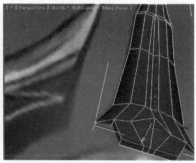

◀图3-31

3.2.2 侧部戟刃制作

单击█创建命令面板中的█几何体按钮，激活Object Type卷展栏中的Box按钮，在前视图中创建一个盒子，完成模型创建，如图3-32所示。

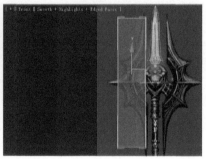

◀图3-32

选中模型，单击鼠标右键选择Convert To-Editable Poly，转换为可编辑多边形，如图3-33所示。

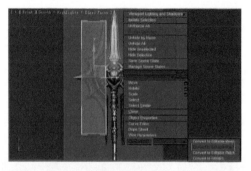

◀图3-33

单击▣点选项，调节点的位置使其与参考图进行匹配，如图3-34所示。

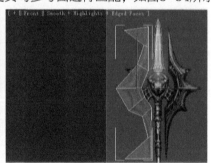

◀图3-34

切换到透视图，单击▣点选项，使用快捷键【Ctrl+Shift+W】目标点焊接，焊接模型顶点，如图3-35所示。

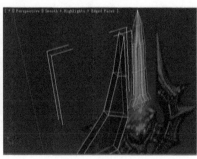

◀图3-35

切换到前视图，单击■点选项，继续调节模型结构，将模型大体形态制作完整，如图3-36所示。

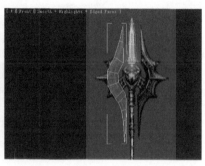

◄ 图3-36

模型大体完成，但细节部分仍有所欠缺，下面为模型加入细节。切换到透视图，单击■面选择，选择面并使用快捷键【Shift+E】挤出，如图3-37所示。

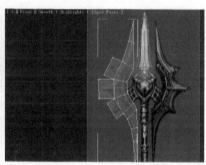

◄ 图3-37

挤出模型后，单击■线选项，使用快捷键【Ctrl+Alt+C】强制焊接边，如图3-38所示。完成模型边刺制作。

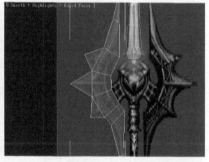

◄ 图3-38

单击■点选项，使用快捷键【Alt+C】对模型进行切线，如图3-39所示。完成模型边刺细部结构的制作。

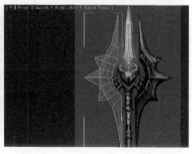

◄ 图3-39

单击圆点选项，为模型加入一圈细分线，使用快捷键【Alt+C】切线，如图3-40所示。调节切线位置使其与参考图匹配。

 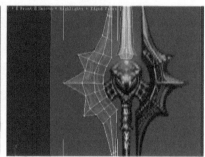

◀ 图3-40

切换透视图，单击圆边选项，使用快捷键【Ctrl+Alt+C】强制焊接，连接刃部模型结构，如图3-41所示。

 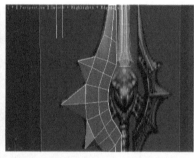

◀ 图3-41

切换透视图，单击圆点选项，调节模型各部分节，如图3-42所示，使得模型整体效果更佳。

 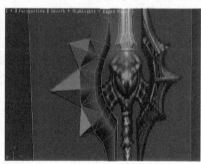

◀ 图3-42

3.2.3 中部结构制作

单击圆创建命令面板中的圆几何体按钮，激活Object Type卷展栏中的Sphere按钮，在前视图中创建一个圆，完成模型的创建，如图3-43所示。

 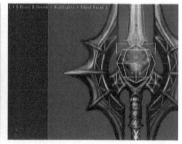

◀ 图3-43

选中模型单击鼠标右键，选择Convert To-Editable Poly，转换为可编辑多边形，如图3-44所示。

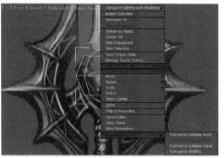

◀图3-44

单击⊡点选项，调节模型比例使其与参考图匹配，如图3-45所示。

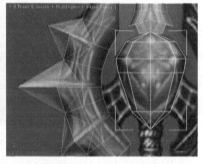

◀图3-45

切换透视图，单击⊡边选项，使用快捷键【Ctrl+Shift+C】分线，选中分线出来的面，使用快捷键【Shift+E】挤出命令，挤出面，如图3-46所示。

◀图3-46

切换前视图，单击⊡点选项，调节点位置与参考图匹配，如图3-47所示。

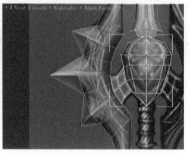

◀图3-47

选中模型的一半并删除，为模型加入修改器命令Symmetry对称，调节对称轴向，如图3-48所示。

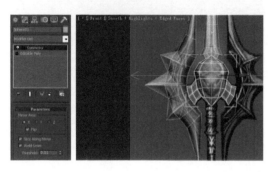

◀ 图3-48

3.2.4 战戟手柄制作

单击■创建命令面板中的■几何体按钮，激活Object Type卷展栏中的Cylinder按钮，在前视图中创建一个圆柱，完成模型创建，如图3-49所示。

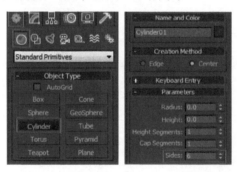

◀ 图3-49

选中模型并单击鼠标右键，选择Convert To-Editable Poly ，转换为可编辑多边形，如图3-50所示。

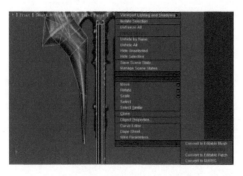

◀ 图3-50

单击□边选项，为模型加入细分线，调节模型与参考图匹配，制作模型细部结构，如图3-51所示。

◀图3-51

3.2.5 底部装饰制作

单击■创建命令面板中的■几何体按钮，激活Object Type卷展栏中的Cylinder按钮，在前视图中创建一个圆柱，完成模型创建，如图3-52所示。

◀图3-52

按图3-52（右）所示，创建模型如图3-53（左）所示。选中模型并单击鼠标右键选择Convert To-Editable Poly，转换为可编辑多边形，如图3-53（右）所示。

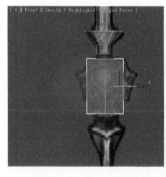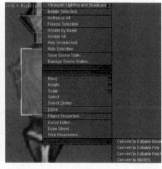

◀图3-53

按照参考图，使用快捷键【Shift+E】挤出命令和【Ctrl+Alt+C】强制焊接命令，完成模型剩下部分的创建，如图3-54所示。

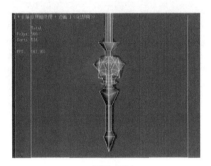

▲ 图3-54

3.3　游戏武器UV拆分

3.3.1　武器UV拆分

　　模型完成之后，需要对模型拆分UV。如果想要把贴图正确地放置到三维模型上，就必须要有适合的贴图坐标。绘制贴图是在二维空间中，而模型是三维空间，如果不给二维贴图以合适的贴图坐标，就会产生拉抻，所以需要有一个展开贴图坐标的工序。所谓贴图坐标，就是把三维模型表面的坐标尽可能二维平面化，这个过程就类似于将地球仪展开为地图的过程。

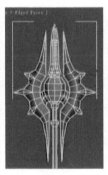

　　选中武器模型，选择修改面板扩展卷Modifier List 修改器面板的Unwrap UVW 并展开UVW命令，使用命令后模型会出现绿色包围线，即UV线，如图3-55（中）所示。选择UVW展开面板下Parameters参数–Edit编辑，如图3-55（右）所示。

▲ 图3-55

　　打开编辑UVW界面，■■■■界面与3DS MAX界面相似，命令分别为移动–旋转–缩放–自由–对称，在界面下部的 ■■■■ 分别为点编辑–边编辑–面编辑命令，如图3-56所示。

▲ 图3-56

默认的模型UV是系统自动拆分，如果需要从新对UV进行再次处理，可以选中■面选择，同时勾选Select Element选择元件，Map Parameters图贴编辑–Quick Planar Map快速平面贴图，如图3-57所示。

◀图3-57

对模型UV进行快速平面贴图，如图3-58所示。完成后对模型进行模型展开处理。

◀图3-58

选择模型UV，单击Mapping 贴图–Normal Mapping 法线贴图命令，如图3-59所示。

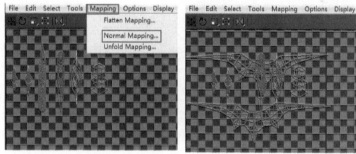

◀图3-59

UV拆分后，对模型进行对齐处理。

如同一模型的正面及背面贴图相同，可以将其重叠放在一起，不能重叠在一起的UV可以加入对称命令，如图3-60（左）所示。完成对称后如下图3-60（右）所示，把UV摆放整齐。

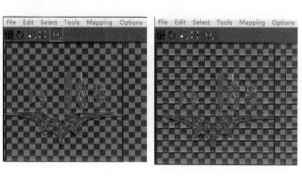

◀图3-60

按照相同的方法把所有模型UV的全部法线展开，如图3-61所示。

◀图3-61

3.3.2　武器UV整理

UV展开完成后，首先要看一下什么样的贴图坐标是正确的，当贴图中黑白盒子分布很均匀时，才表示贴图与模型的匹配是正确的。单击菜单栏█材质编辑器按钮，打开材质编辑器选择一个空材质球，选择Diffuse 漫反射—Material/Map Browser材质/贴图浏览器—Checker棋盘格命令，为材质球加入棋盘格材质，如图3-62所示。

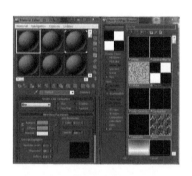

◀图3-62

为材质赋予棋盘格贴图后弹出棋盘格控制界面，设置棋盘格参数为20×20，选中模型█把材质指定给选定对象，单击选择█在视图中显示材质，如图3-63所示。

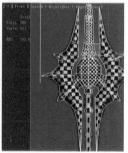

◀图3-63

为模型赋予棋盘格贴图后，调节模型棋盘格大小，保证模型棋盘格大小一致，打开Unwrap UVW 并展开UVW命令，使用缩放命令对模型UVW进行缩放操作，如图3-64所示。

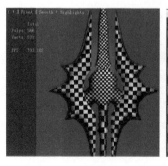

◀图3-64

调节棋盘格大小，使整体比例尽量相等，如图3-65所示。

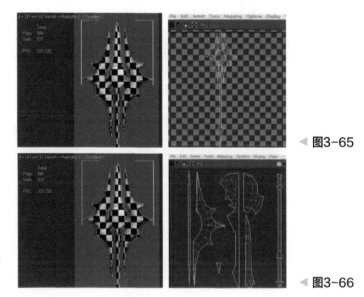

◀图3-65

完成对模型的棋盘格设置后，调节模型摆放位置，UVW场景中的蓝色位置是UV输出的区域。调节模型位置把UV放入场景蓝色区域内，如图3-66所示。

◀图3-66

 **游戏武器贴图制作**

完成UV设置后，对UVW进行输出设置，选择Parameters参数-Edit编辑-Tools工具-Render UVW Template渲染UVW面板命令，如图3-67所示。

◀图3-67

设置渲染UVW面板命令后，弹出对话框渲染Render UVs渲染UVs,设置输出贴图尺寸，其中Width和Height均为1024，单击Render UV Template渲染UV面板，如图3-68（左）所示，弹出对话框选择按键。

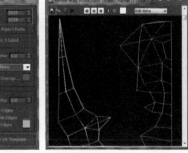

◀图3-68

单击"保存"按钮，在弹出的对话框中选择保存地址并设置保存文件名，将保存类型设置为.TGA格式，完成保存，如图3-69所示。

◀图3-69

用Photoshop打开UV贴图，选择魔术棒工具，调节魔术棒参数并将连续控制参数关闭，单击武器图层选中模型线，如图3-70所示。

 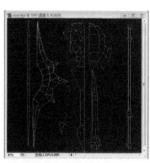

◀图3-70

选中模型线后，按快捷键【Shift+Ctrl+C】反向选中模型线，通过【Ctrl+C】复制和【Ctrl+V】粘贴，得到UV线层，如图3-71所示。

◀图3-71

打开模型原画，使用套索工具框选模型贴图区域，通过【Ctrl+C】复制和【Ctrl+V】粘贴，得到贴图图层，如图3-72所示。

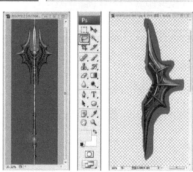

◀图3-72

调节贴图层，将贴图层设置在UV线层之下，如图3-73所示。

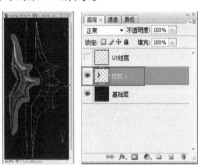

◀图3-73

调节贴图位置与参考图匹配，在PS中按快捷键【Ctrl+T】使用缩放工具调节贴图大小，按快捷键【E】使用橡皮工具，擦除贴图灰色部分留下原画部分贴图，如图3-74所示。

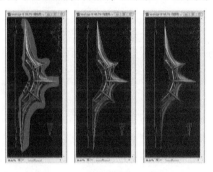

◀图3-74

制作模型中心部分的UV贴图，制作过程同上。利用原图使用套索工具框选出贴图，命名为贴图层2，调节贴图位置，擦除贴图灰色部分留下原画部分贴图，如图3-75所示。

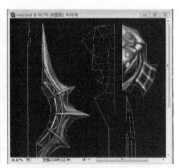

◀图3-75

制作模型尖部UV贴图，制作过程同上。利用原图使用锁套工具框选出贴图，命名为贴图层3，调节贴图位置，擦除贴图多余部分留下原画部分贴图，如图3-76所示。

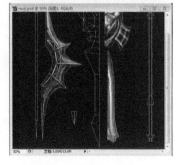

◀图3-76

　　制作模型底部UV贴图，制作过程同上。利用原图使用锁套工具框选出贴图，命名为贴图4，调节贴图位置，擦除贴图多余部分留下原画部分贴图，如图3-77所示。

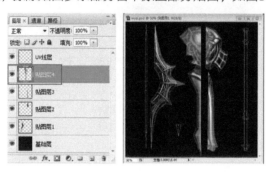

◀图3-77

　　制作模型躯干部UV贴图，制作过程同上。利用原图使用锁套工具框选出贴图，命名为贴图层5，调节贴图位置，擦除贴图多余部分留下原画部分贴图，如图3-78所示。

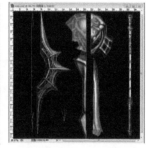

◀图3-78

　　调节各个图层的贴图位置。完成模型贴图后，隐藏UV线层，显示贴图整体效果，如图3-79所示。

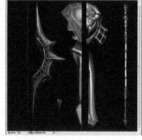

◀图3-79

　　完成贴图制作后，保存贴图文件到模型所在文件夹，保存格式.PSD，如图3-80所示。

◀图3-80

3.5　游戏武器贴图材质赋予

　　完成贴图制作后，在模型上赋予贴图。单击▣材质编辑器按钮，打开材质编辑器，选择一个材质球，在材质球下拉菜单中选择Diffuse漫反射贴图后的方格子为材质球添加材质。在弹出的对话框中选择Bitmap位图，为模型添加一个贴图材质，如图3-81（右）所示。

◀ 图3-81

　　选择创建好的模型，选中材质球单击▣赋予材质按钮，再单击▣显示材质按钮，把贴图赋予到模型上，如图3-82所示。

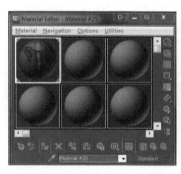
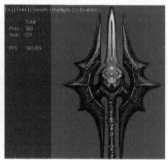

◀ 图3-82

　　模型制作完成，如图3-83所示。

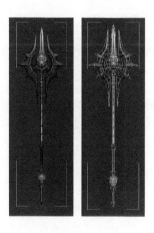

◀ 图3-83

第4章

游戏角色基础人体制作

本章主要讲解游戏角色基础人体的制作，通过人体正、侧参考图以及基础正方体对照参考图制作模型，并对模型制作时需要注意的人体每部分肌肉结构进行分析，研究肌肉部分建模最佳方法，使读者可以更快地学会游戏角色基础人体制作方法。

4.1　角色人体结构

本节从多个视图全面分析人体结构，并将人体结构由里及表的联系(从骨骼到肌肉、到外形再到个体差异)——用图清晰地展现出来。希望通过对人体形态进行的归纳，使读者对人体有一个整体的、多维的概念，如图4-1和图4-2所示。

建模的时候要注意每块肌肉的位置，按照肌肉的走向进行模型的制作。上身斜方肌、三角肌、二头肌、胸大肌和背阔肌为主要肌肉，而锁骨、胸锁乳突肌等其他附属肌肉为次要部分；下身胯骨、臀大肌、臀沟、腓肠肌和髌骨为主要部分，其他为附属建模部分。

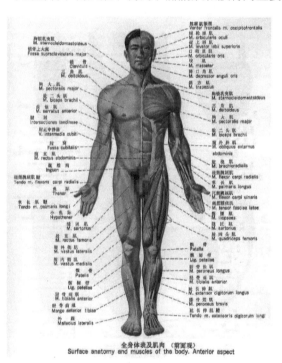

全身体表及肌肉　(前面观)
Surface anatomy and muscles of the body. Anterior aspect

▲ 图4-1

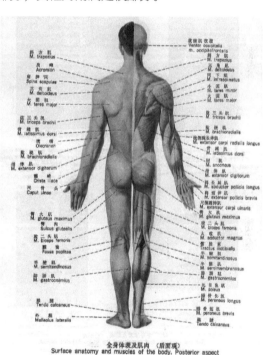

全身体表及肌肉　(后面观)
Surface anatomy and muscles of the body, Posterior aspect

▲ 图4-2

4.2　基础人体创建

4.2.1　参考图创建

使用Photoshop打开素材图片，如图4-3所示。

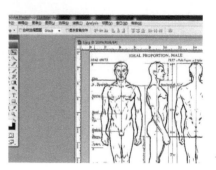

◄图4-3

按快捷键【C】使用裁剪工具，框选正视图并创建新图层，尺寸与矩形工具所选大小一致，如图4-4所示。

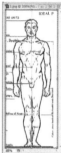

◄图4-4

按快捷键【Ctrl+R】使用标尺工具测量图片横宽比，对齐人体视图的中心位置，空白区域用白色填充，如图4-5所示。

按快捷键【C】使用剪切工具剪切侧视图，用标尺工具调节角色中心分界线，如图4-6所示。

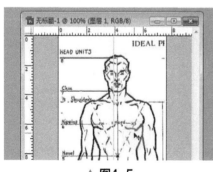

▲ 图4-5   ▲ 图4-6

完成参考图制作后，选中图片存储为，设定保存文件名，保存格式为.JPG，如图4-7所示。

◄图4-7

单击■创建命令面板中的⚫几何体按钮，激活Object Type卷展栏中的Plane按钮，在前视图中创建一个面，完成面创建，如图4-8所示。

 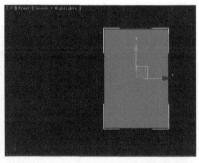

◀ 图4-8

单击▨修改命令面板，激活Parameters面板中的下拉菜单调节模型参数，如图4-9所示。将模型的长度、宽度分段设置为1。

 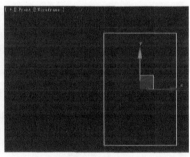

◀ 图4-9

设置模型的坐标轴，x、y、z为0，对其中心轴，如图4-10所示。

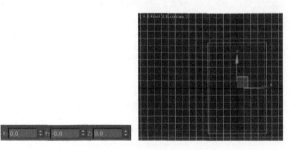

◀ 图4-10

按快捷键【M】打开材质编辑器选择一个空材质球，单击Diffuse漫反射，如图4-11所示。

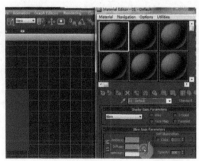

◀ 图4-11

选择默认Blinn基础材质球，选择Diffuse漫反射，在弹出的对话框中选择Bitmap位图，如图4-12所示。

选择Bitmap位图，打开Photoshop中创建的角色参考图，如图4-13所示。

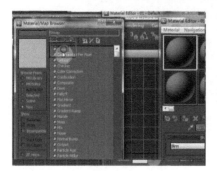 

▲ 图4-12　　　　　　　　　　▲ 图4-13

选择创建好的模型，选中材质球并单击■赋予材质按钮，再单击■显示材质按钮，把贴图赋予到模型上，如图4-14所示。

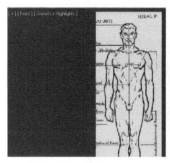 

◀ 图4-14

按快捷键【P】打开Perspective透视图，选中刚刚创建好的plane面，按快捷键【R】选中物体，再使用快捷键A旋转束缚，按住键盘上的shift键并用鼠标左键拖曳复制出来一个plane面，如图4-15所示。

选中一个新材质球，为复制出来的plane面添加bitmap位图命令，选中Photoshop中创建的侧视图，如图4-16所示。

▲ 图4-15　　　　　　　　　　▲ 图4-16

打开Photoshop中创建的模型侧视图，如图4-17所示。

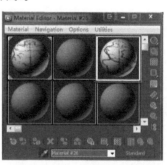

◀图4-17

选择创建好的模型，选中材质球并单击█赋予材质按钮，再单击█显示材质按钮，把贴图赋予到模型上，如图4-18所示。

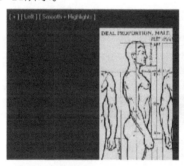 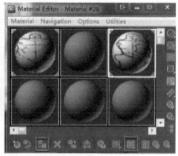

◀图4-18

很多时候需要对模型的正面与背面进行相互切换处理，这时模型背面会显示为黑色，可以对材质编辑器中2-Sided双面贴图命令进行调节，如图4-19所示。

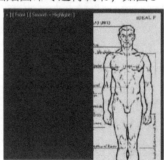 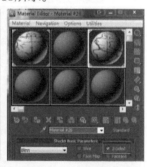

◀图4-19

如果场景中的模型颜色比较暗，可以按快捷键【8】，打开Environment and Effects环境与设置，通过调节Ambient环境光源将场景照亮一些，如图4-20所示。

◀图4-20

整体视图创建完成效果，如图4-21所示。

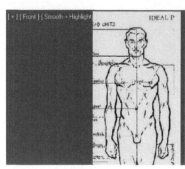

◀ 图4-21

4.2.2　人体胯部模型创建

切换Front前视图，单击█创建命令面板中的◎几何体按钮，激活Object Type卷展栏中的Box按钮，在前视图中创建一个盒子，完成模型创建，位置正好与视图相仿，如图4-22所示。

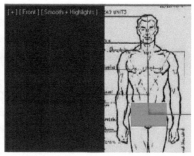

◀ 图4-22

设置x、y、z三个轴向的数值设为0，使BOX在坐标轴的中心位置。同时把背景参考图轴向相应对齐，如图4-23所示。

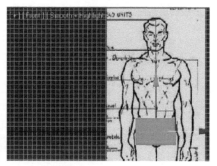

◀ 图4-23

创建模型后，按快捷键【Alt+X】半透明现实物体，同时按F4键显示线，如图4-24所示。

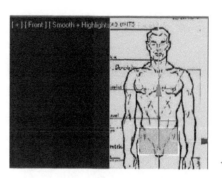

◀ 图4-24

为已经创建好的模型设置细分，选择Parameters 参数，将Width的长、宽分段设为1，如图4-25所示。

 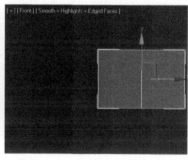

◀ 图4-25

选中已经加入细分的模型，单击鼠标右键，选择Convert To-Editable Poly 转换为-可编辑多边形，如图4-26所示。

选中参考图的侧视图并将其移动到场景右边，如图4-27所示。

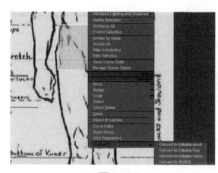 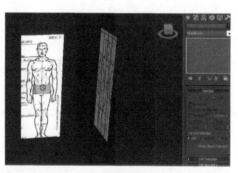

▲ 图4-26　　　　　　　　▲ 图4-27

按快捷键【2】进行边选择，选中场景中BOX一条边线，如图4-28所示。

 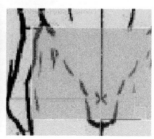

◀ 图4-28

选中一根线后按快捷键【Alt+R】键选择一圈线，如图4-29所示。

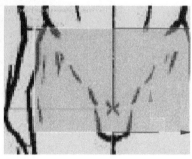

◀图4-29

按快捷键【Ctrl+Shift+E】加线，为模型加入一根中线，如图4-30所示。

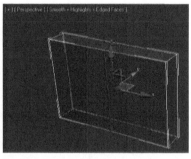

◀图4-30

完成模型加线操作后，按快捷键【4】选择面，框选模型左边半面模型，如图4-31（左）所示。对选中的半面模型进行【Delete】删除操作，如图4-31（右）所示。

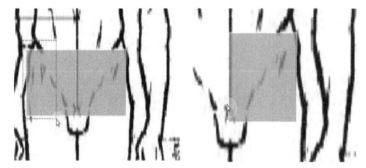

◀图4-31

选中模型，选择◻修改按钮，打开Modifier List 修改器列表，在下拉扩展卷中找到Symmetry对称，为模型加入对称命令，并在对称修改面板上修改相应参数，如图4-32所示。

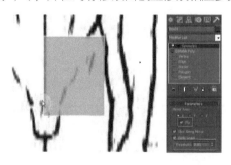

◀图4-32

选中模型，选择 修改面板，选择Editable Poly 可编辑多边形，单击 显示最终效果按钮，在对称命令下对模型进行可编辑多边形命令，如图4-33所示。

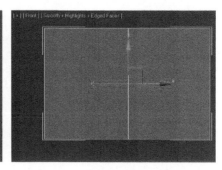

◀图4-33

切换前视图，单击点选择命令，鼠标框选点后拖动点位置，把点移至在胯骨位置上，如图4-34所示。

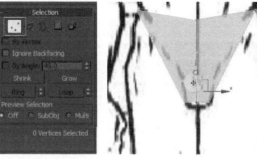

◀图4-34

切换透视图，单击面选择命令，鼠标选中其中一个面，按快捷键【Shift+E】挤出命令，如图4-35所示。

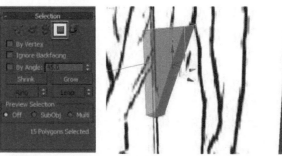

◀图4-35

单击面选择，使用快捷键【Shift+E】挤出一个面，对面的长度进行简单调整，如图4-36所示。

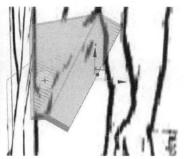

◀图4-36

切换前视图，单击点选择命令，与参考图匹配，通过调节点的位置将臀部整体效果调节出来，如图4-37所示。

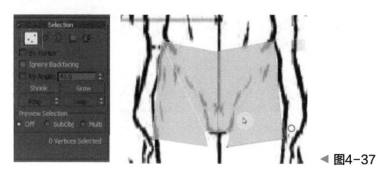

◀ 图4-37

切换侧视图，单击点选择命令，调节模型整体横宽比，如图4-38所示。

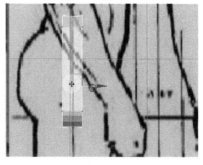

◀ 图4-38

切换侧视图，单击点选择命令，调节臀部、小腹和大腿骨这几个部位模型位置，如图4-39所示。（注：臀部是腰与腿的结合部，其骨架是由两个髋骨和骶骨组成的骨盆，外面附着有肥厚宽大的臀大肌、臀中肌和臀小肌以及相对体积较小的梨状肌。）

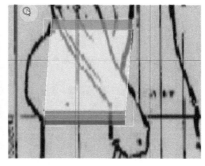

◀ 图4-39

4.2.3 人体腿部模型创建

切换透视图，单击面选择命令，选中大腿部分的面，如图4-40所示。

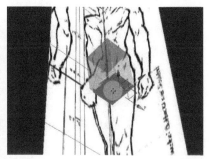

◀图4-40

选择透视图，单击面选择命令，按快捷键【Shift+E】挤出面做出大腿部分模型，如图4-41所示。

◀图4-41

切换前视图，单击点选择命令，调节大腿部分点位置，如图4-42所示。

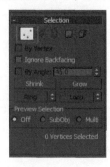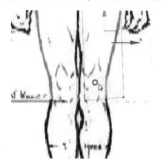

◀图4-42

选择前视图，单击点选择命令，调节膝盖部分结构。如两点不在一条直线上，可以选择挤压工具按住鼠标中间，向下滑动鼠标，把整条线对齐，如图4-43所示。

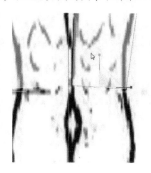

◀图4-43

切换透视图，单击面选择命令，按快捷键【Shift+E】挤出命令，图4-44所示为基础小腿部分模型。

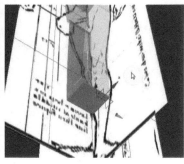

◀图4-44

切换前视图，单击点选择命令，调节脚踝部分模型结构。同时使用缩放工具将两点对齐，如图4-45所示。

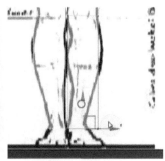

◀图4-45

切换透视图，单击点选择命令，调节脚踝部分模型，如图4-46所示。

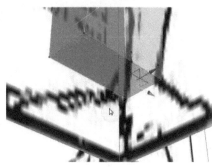

◀图4-46

切换侧视图，单击点选择模型，挤出脚踝部分面，与参考图进行匹配并制作脚部模型，如图4-47所示。

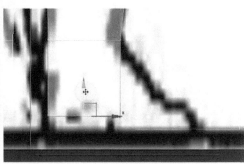

◀图4-47

切换侧视图，单击边选择命令，调节膝盖部分模型位置，如图4-48所示。（注：膝盖骨是大腿骨（股骨）与小腿的胫骨和腓骨以及处于正中的矢状断盖骨（髌骨）构成了膝关节。）

 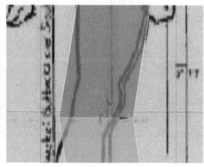

◀ 图4-48

切换透视图，单击面选择命令，选中脚踝部分面，调节脚踝部分模型面位置，如图4-49所示。

 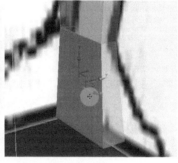

◀ 图4-49

选择透视图，单击面选择命令，使用快捷键【Shift+E】挤出命令，制作出脚掌部分模型，如图4-50所示。

◀ 图4-50

选择侧视图，单击点选择命令，使用缩放工具按照y轴进行挤压设置，调节脚底部与地面平行，调节脚掌部分模型位置，如图4-51所示。

◀ 图4-51

选择侧视图，单击点选择命令，框选点与参考图匹配，调节脚掌部分点位置，如图4-52所示。

 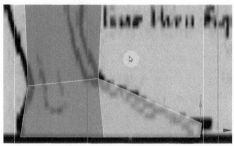

◀图4-52

完成腿部、脚步模型制作。切换透视图，单击点选择命令，调节臀部模型位置与参考图匹配，如图4-53所示。

 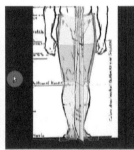

◀图4-53

4.2.4 人体上半身模型创建

选择透视图，单击点选择命令，调节臀部模型位置与参考图匹配，如图4-54所示。

 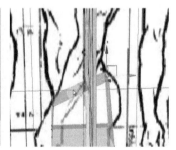

◀图4-54

切换前视图，单击面选择命令，使用快捷键【Shift+E】挤出命令，挤出肋骨部分模型，如图4-55所示。

 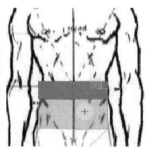

◀图4-55

选择前视图，单击点选择命令，使用缩放工具选择顶部点，按住鼠标由中间向下移动鼠标，对齐y轴坐标，调节肋骨部分模型位置，如图4-56所示。

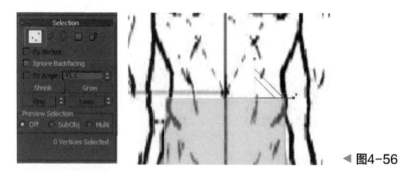

◀图4-56

切换侧视图，单击点选择命令，调节肋骨部分模型位置与参考图匹配，如图4-57所示。

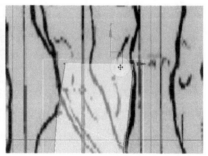

◀图4-57

切换透视图，单击面选择命令，选中顶部模型面，如图4-58所示。

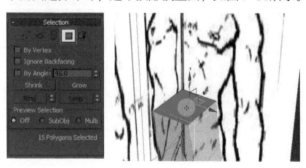

◀图4-58

切换透视图，使用快捷键【Shift+E】挤出命令，挤出肋骨部分模型结构与参考图匹配，如图4-59所示。

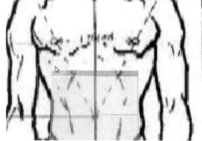

◀图4-59

切换前视图，单击点选择命令，移动点至肋骨与胸大肌之间使其与参考图匹配，如图4-60所示。

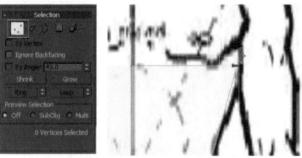

◀图4-60

切换透视图，单击点选择命令，调节模型顶点部分使其固定在胸大肌、背阔肌位置上，如图4-61所示。

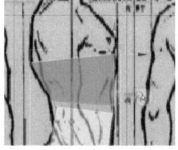

◀图4-61

切换透视图，单击面选择命令，选择顶点部分面，如图4-62所示。

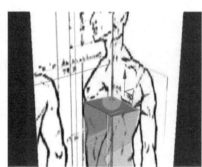

◀图4-62

选择透视图，单击面选择命令，使用快捷键【Shift+E】挤出命令，制作出胸部模型，如图4-63所示。

◀图4-63

切换前视图，单击点选择命令，调节胸大肌部分模型位置使其与参考图匹配，如图4-64所示。

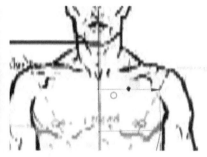

◀图4-64

切换左视图，单击点选择命令，调节锁骨部分模型位置使其与参考图匹配，如图4-65所示。

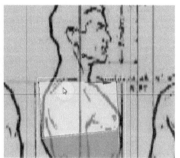

◀图4-65

选择透视图，单击点选择命令，调节背阔肌部分模型位置使其与参考图匹配，如图4-66所示。

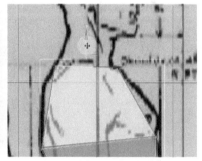

◀图4-66

4.2.5 人体头部模型创建

切换透视图，单击面选择命令，选中顶点部分模型面，如图4-67所示。

◀图4-67

选择透视图，单击面选择命令，使用快捷键【Shift+E】挤出命令，制作出斜方肌部分模型，如图4-68所示。

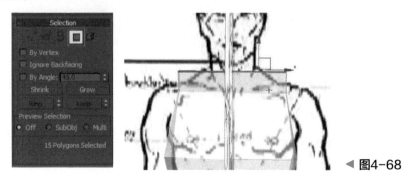

◀图4-68

选择前视图，单击点选择命令，调节肩胛骨部分模型位置，如图4-69所示。

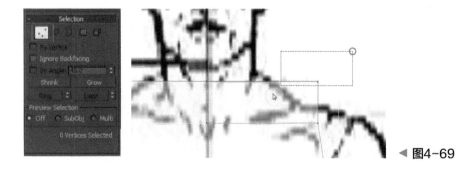

◀图4-69

切换左视图，单击点选择命令，调节斜方肌与锁骨部分位置的结构，如图4-70所示。（注：在人体中，锁骨为S状弯曲的细长骨，位于皮下，为颈与胸两部的分界，是上肢与躯干间唯一的骨性联系。）

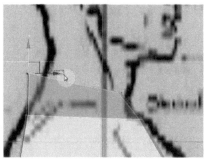

◀图4-70

切换透视图，单击面选择命令，选择顶点部分面，如图4-71所示。

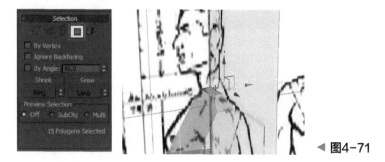

◀ 图4-71

选择透视图，单击面选择命令，使用快捷键【Shift+E】挤出命令，挤出模型并调节胸锁乳突肌部分模型，如图4-72所示。

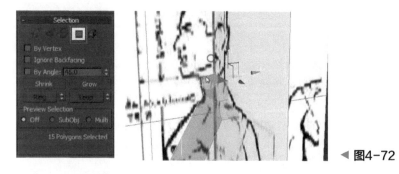

◀ 图4-72

切换侧视图，单击点选择命令，调节后脊椎骨部分的模型结构，如图4-73所示。

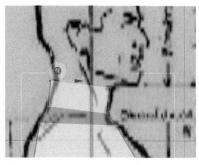

◀ 图4-73

切换前视图，单击点选择命令，调节脖子部分的模型位置使其与参考图匹配，如图4-74所示。

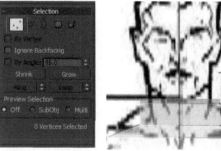

◀ 图4-74

选择前视图，单击点选择命令，完成脖子部分模型的创建，调节斜方肌、肩膀部分模型。上半身模型基本完成，如图4-75所示。

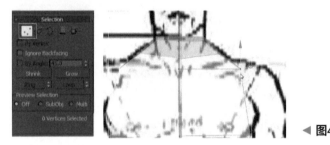

◀图4-75

继续调节脖子部分模型结构。选择前视图，单击点选择命令，调节胸锁乳突肌部分模型位置与参考图匹配，如图4-76所示。

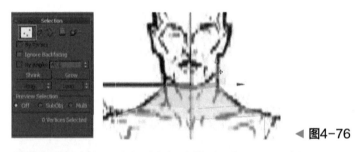

◀图4-76

切换透视图，单击面选择命令，选中顶点部分模型，如图4-77所示。

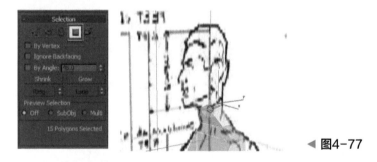

◀图4-77

切换前视图，单击面选择命令，使用快捷键【Shift+E】挤出命令，挤出头部模型，如图4-78所示。

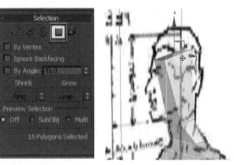

◀图4-78

切换前视图，单击点选择命令，调节模型对称轴点位置，选中红色对称点，将软件面板下x轴的数值设为0，如图4-79所示。

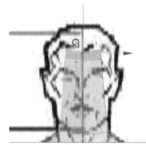

◀图4-79

选择前视图，单击点选择命令，调节点位置使其与参考图匹配，假如两点不在一个轴向，则可以选择缩放工具挤压顶部坐标对齐坐标，如图4-80所示。

◀图4-80

切换侧视图，单击点选择命令，调节头部模型位置使其与参考图匹配，如图4-81所示。

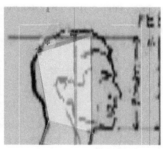

◀图4-81

切换透视图，单击面选择命令，调节顶点位置模型，选中顶点面，如图4-82所示。

◀图4-82

切换前视图，单击点选择命令，调节脸部模型位置，如图4-83所示。

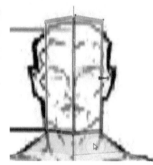

◀图4-83

切换前视图，单击点选择命令，模型中间部分有穿插，将模型点坐标x轴数值设为0，如图4-84所示。

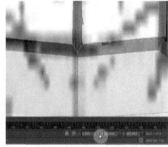

◀图4-84

切换左视图，单击点选择命令，调节脸部下巴部分模型位置，如图4-85所示。

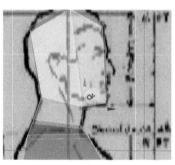

◀图4-85

切换透视图，单击点选择命令，调节侧脑部分模型，选中红色面，如图4-86所示。

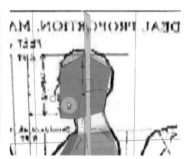

◀图4-86

切换前视图，单击点选择命令，调节脸部整体模型，基本完成脸部效果，如图4-87所示。

 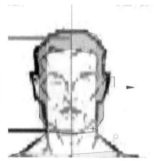

◀图4-87

4.2.6　人体胳膊模型创建

基本完成身体部分的模型创建后，切换透视图，观察已经完成的模型，如图4-88所示。接下来开始胳膊部分模型创建。

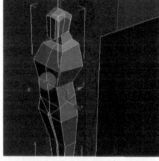

◀图4-88

切换透视图，单击点选择命令，调节肩膀部分模型顶点面，如图4-89所示。

 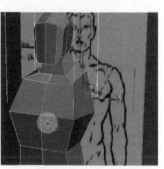

◀图4-89

选择透视图，单击面选择命令，使用快捷键【Shift+E】挤出命令，制作肩膀部分模型，如图4-90所示。

 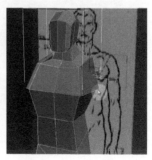

◀图4-90

切换前视图，单击点选择命令，调节肩膀部分模型。建模时应注意对肩膀部分结构的控制，同时腋下部分建模也很重要，在游戏中对角色要进行动画调节，腋下位置不能与模型穿插，因此分线应尽量多加几条，如图4-91所示。

 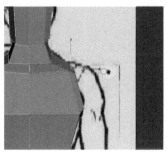

◀图4-91

选择前视图，单击点选择命令，调节三角肌部分模型位置，（注：三角肌俗称"虎头肌"，因为它的形状凸出上臂，酷似虎头，而且发达的三角肌体积比较大，显得很威猛，所以它也是力量的象征。）制作时可以简单夸张三角肌大小，如图4-92所示。

 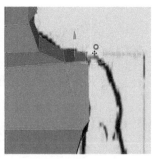

◀图4-92

切换透视图，单击面选择命令，选中顶点部分模型，如图4-93所示。

 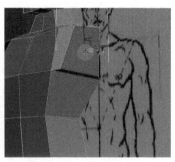

◀图4-93

切换前视图，单击面选择命令，使用快捷键【Shift+E】挤出命令，调节二头肌部分模型位置模型，如图4-94所示。

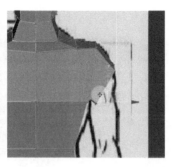

◀图4-94

切换侧视图，单击点选择命令，调节胳膊部分模型位置，胳膊部分的模型主要体现角色的强壮程度，因此女性胳膊偏瘦小，男性胳膊偏强壮，如图4-95所示。

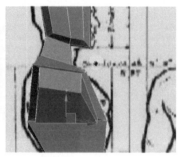

◀图4-95

选择侧视图，单击点选择命令，单击调节腋下位置，突出胸大肌模型位置结构，建模中尽量不要调节胸大肌的位置，可通过腋下模型点的位置控制胸大肌大小，如图4-96所示。

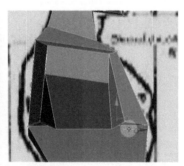

◀图4-96

切换透视图，单击面选择命令，选中大臂上的面，如图4-97所示。

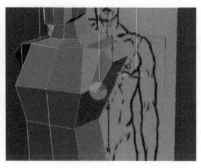

◀图4-97

切换前视图，单击面选择命令，使用快捷键【Shift+E】挤出命令，制作胳膊部分的模型，如图4-98所示。

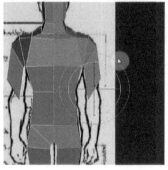

◀ 图4-98

选择前视图，单击面选择命令，选择旋转命令调节胳膊上的法线位置，如图4-99所示。

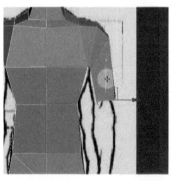

◀ 图4-99

选择前视图，单击点选择命令，选择挤压工具，调节肘部点对齐，如图4-100所示。

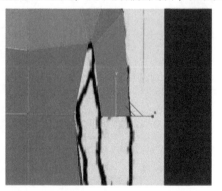

◀ 图4-100

切换透视图，单击面选择命令，选中肘部顶点面，如图4-101所示。

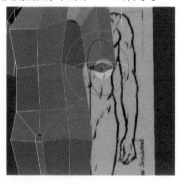

◀ 图4-101

切换前视图，单击面选择命令，使用快捷键【Shift+E】挤出命令，制作小臂部分的模型，如图4-102所示。

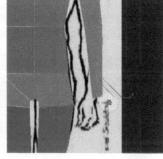

◀图4-102

选择前视图，单击点选择命令，调节肘部部分模型位置使其与参考图匹配，肘部与腋下相似，在动画调节中都需要重点注意结构，避免运动中的穿插问题，如图4-103所示。

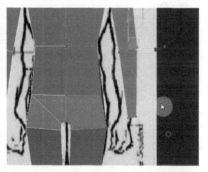

◀图4-103

切换透视图，单击面选择命令，使用快捷键【Shift+E】挤出命令，制作出手腕部分的模型，如图4-104所示。

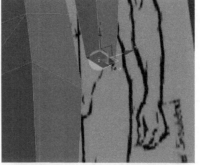

◀图4-104

至此，初步完成人体结构模型。建模时要注意模型各个关节中的点这一部分，同时保证模型与参考图匹配，下面开始为模型加入细节，如图4-105所示。

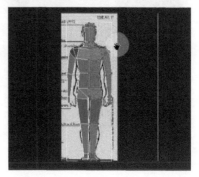

◀图4-105

4.3 模型细节创建

4.3.1 模型细节简单修改

切换透视图，单击边选择命令，调节大腿部分模型，为模型加入细分线，选择一条边使用快捷键【Alt+R】、【Ctrl+Shift+E】在大腿中间加入一条中线，如图4-106所示。

◀图4-106

切换侧视图，单击点选择命令，调节大腿部分模型位置使其与参考图匹配，突出股四头肌位置，如图4-107所示。

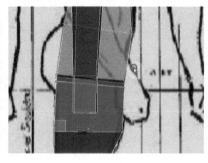

◀图4-107

切换前视图，单击边选择命令，调节小腿部分模型，为模型加入细分线，选择一条边使用快捷键【Alt+R】、【Ctrl+Shift+E】在小腿中间加入一条中线，如图4-108所示。

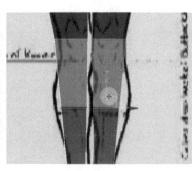

◀图4-108

切换前视图，单击点选择命令，调节小腿部分模型位置与参考图匹配，突出前胫骨肌位置，如图4-109所示。

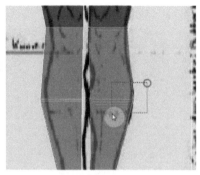

◀ 图4-109

切换侧视图，单击点选择命令，调节小腿部分模型位置使其与参考图匹配，突出腓肠肌位置，如图4-110所示。

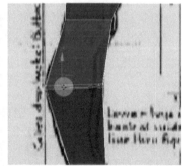

◀ 图4-110

切换侧视图，单击边选择命令，调节脚部模型位置。使用快捷键【Alt+R】、【Ctrl+Shift+E】在脚掌部分加入中线，调节脚部模型位置，如图4-111所示。

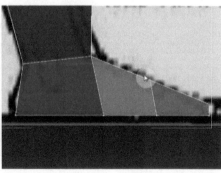

◀ 图4-111

切换透视图，单击边选择命令，调节大臂模型位置。使用快捷键【Alt+R】、【Ctrl+Shift+E】在大臂部分加入中线，调节大臂模型位置，如图4-112所示。

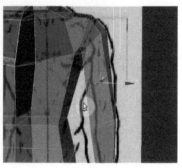

◀图4-112

切换透视图，单击边选择命令，调节小臂模型位置。使用快捷键【Alt+R】、【Ctrl+Shift+E】在小臂部分加入中线，调节小臂模型位置，如图4-113所示。

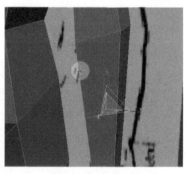

◀图4-113

切换透视图，单击边选择命令，调节小臂模型位置。使用缩放工具突出小臂肌肉效果，如图4-114所示。

◀图4-114

切换透视图，单击边选择命令，调节脸部模型位置。使用快捷键【Alt+R】、【Ctrl+Shift+E】在脸部加入中线，调节脸部模型位置，如图4-115所示。

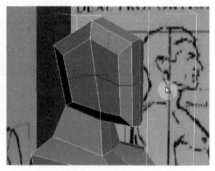

◀图4-115

切换侧视图，单击点选择命令，调节脸部模型位置使其与参考图匹配，突出脸部模型，如图4-116所示。

 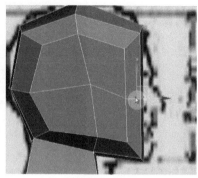

◀图4-116

切换透视图，为模型加入细节后效果，为模型各个肌肉间的连接部分加入模型细分线，如图4-117所示。

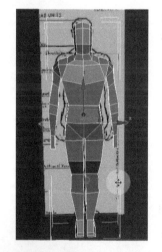

◀图4-117

切换透视图，单击边选择命令，选中胳膊肘部分的模型线，为模型关节部分加入细节，如图4-118所示。

 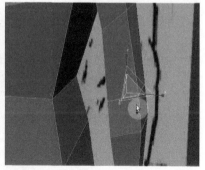

◀图4-118

选择透视图，单击边选择命令，使用快捷键【Alt+L】、【Ctrl+Shift+C】分线命令，为肘部加入细节，胳膊肘部分在动画中一般需要加入三根以上的线，而在游戏动画中有二至三根就可以，如图4-119所示。

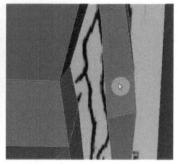

◀图4-119

选择透视图，单击边选择命令，使用快捷键【Alt+L】、【Ctrl+Shift+C】分线命令，为膝盖部分加入细节，如图4-120所示。

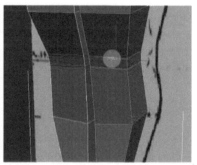

◀图4-120

选择透视图，单击边选择命令，使用快捷键【Alt+L】、【Ctrl+Shift+C】分线命令，如图4-121所示，为脚踝部分加入细节。

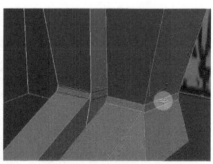

◀图4-121

选择透视图，单击边选择命令，分线后模型会有部分错误，选中错误的边，使用快捷键【Ctrl+Alt+C】强制焊接命令，如图4-122所示。

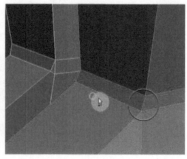

◀图4-122

选择透视图，单击边选择命令，选中面使用快捷键【Shift+E】挤出脚底部分面，为制作模型细节部分做好基础，如图4-123所示。

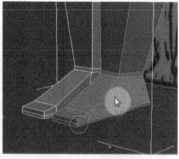

◀图4-123

选择透视图，完成模型各个重要部位的加线工作，关闭Symmetry对称命令，查看模型是否正确，删除模型中产生的废面，如图4-124所示。

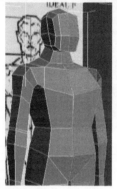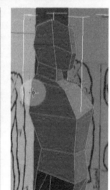

◀图4-124

4.3.2 模型细节高级修改

选择透视图，完成模型对称命令后，调节模型整体效果，选中模型后选择■修改按钮，打开Modifier List修改器列表，在下拉扩展卷中找到Turbo Smooth涡轮平滑，加入模型细分，如图4-125所示。

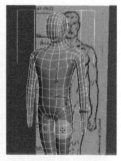

◀图4-125

选择透视图，单击点选择命令，平滑后发现模型有部分错误，发现模型中有一个废点，使用快捷键【Ctrl+Backspace】命令，如图4-126所示。

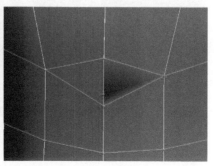

◀图4-126

选中模型，选择▣修改面板，选择Editable Poly可编辑多边形，单击▣显示最终效果按钮，在涡轮平滑调节模式下对模型进行可编辑多边形命令，调节各个部分模型结构，如图4-127所示。

 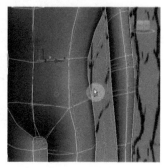

◀图4-127

切换前视图，单击点选择命令，调节大腿部分的模型结构，大腿部分模型的肌肉相对强壮，制作时应尽量放大模型结构，如图4-128所示。

◀图4-128

切换前视图，单击点选择命令，调节胯骨部分结构使胯骨部分模型与参考图匹配，突出胯骨骨节部分结构，如图4-129所示。

 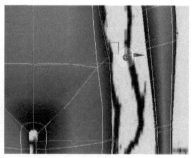

◀图4-129

切换前视图，单击点选择命令，调节肩膀部分模型，肩膀部分模型结构应注意动画调节时模型穿插问题，尽量保证相邻的模型面保持一定距离，避免穿插，如图4-130所示。

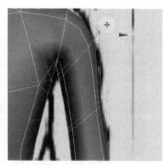

◀图4-130

　　切换前视图，单击点选择命令，调节小臂部分模型，在小臂制作过程中要注意肌肉位置，前视图观看时，应做到肌肉左平右宽，如图4-131所示。

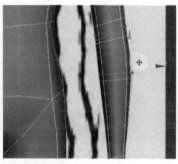

◀图4-131

　　　　切换前视图，单击点选择命令，调节下巴部分模型。下巴制作过程中注意喉骨与下巴之间的距离，避免模型制作时没有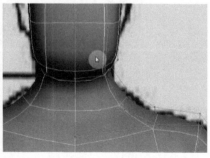

◀图4-132

下巴或下巴与脖子无法区分等情况，如图4-132所示。

　　　　切换前视图，单击点选择命令，调节胸大肌部分模型，模型制作时要与参考图匹配。胸大肌与其他肌肉相比较为突出，收缩肋骨部分模型线，放大胸部模型线，如图4-133所示。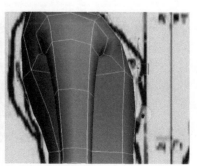

◀图4-133

切换前视图，单击点选择命令，调节腰部模型结构，腰部模型制作时注意模型曲线制作，无论男性人体或女性人体都应有曲线，如图4-134所示。

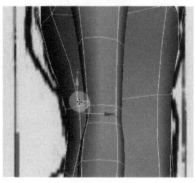

◀图4-134

切换前视图，单击点选择命令，调节小腹部分模型，小腹模型制作时要注意无论角色胖瘦、高矮，小腹都要微凸，如图4-135所示。

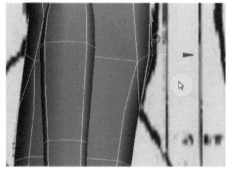

◀图4-135

切换透视图，单击点选择命令，调节肋骨部分模型，肋骨模型制作时注意肋骨与胸大肌、腹部之间的关系，胸大肌挺拔，小腹微凸，肋骨收缩则脂肪含量少，如图4-136所示。

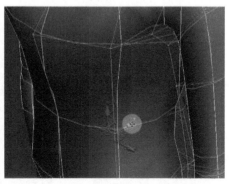

◀图4-136

选择透视图，单击点选择命令，调节背阔肌部分模型，背阔肌模型制作时注意模型尽量突出，背阔肌控制人体伸展。内收及内旋肱骨，在攀爬时拉起肢体，并可辅助吸气，在制作时可以简单夸张，如图4-137所示。

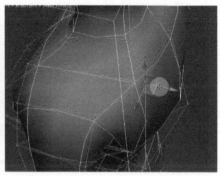

◀ 图4-137

选择透视图，单击点选择命令，调节肘部模型重心位置，肘部模型制作时注意肘部与大臂、小臂之间的位置关系，在两臂之间进行收缩，如图4-138所示。

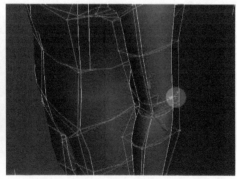

◀ 图4-138

选择透视图，单击点选择命令，调节肱二头肌部分模型，肱二头肌模型制作时要注意，男性人体相对强壮，因此应尽量突出二头肌大小，而女性人体可以只做简单突出，如图4-139所示。

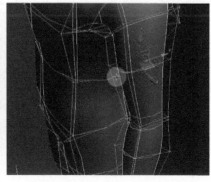

◀ 图4-139

选择透视图，单击点选择命令，调节锁骨部分模型，锁骨模型制作时注意锁骨与胸大肌之间的位置关系，锁骨形状微凹，如图4-140所示。

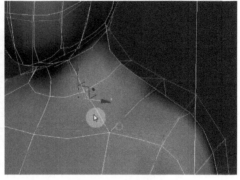

◀图4-140

选择透视图，单击点选择命令，调节三角肌部分模型，三角肌模型制作时注意三角肌是上半身建模比较突出的肌肉，可以稍微夸张肌肉大小，如图4-141所示。

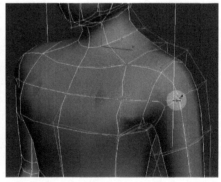

◀图4-141

选择透视图，单击点选择命令，继续调节大臂部分模型，大臂模型制作时注意二头肌和三头肌的模型结构，如图4-142所示。

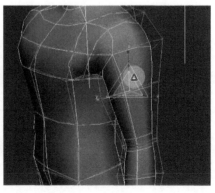

◀图4-142

选择透视图，单击点选择命令，调节小臂部分模型，小臂模型制作时与大臂对比，尽量保证大小比例均匀，不要显得太过瘦小，如图4-143所示。

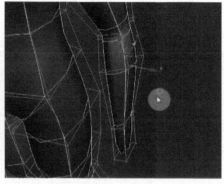

◀图4-143

选择透视图，单击点选择命令，调节手肘部分模型，制作手肘模型时应尽量把手肘做的细小一些使其与小臂间的大小位置协调，如图4-144所示。

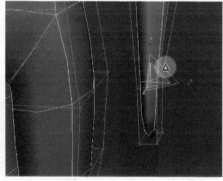

◀图4-144

选择透视图，单击点选择命令，使用快捷键【Alt+C】切线命令加入模型线调节胸大肌部分模型，如图4-145所示。在胸大肌部分加线可以更好的控制三角肌与胸大肌之间的连接位置，同时固定锁骨位置。在模型制作时最先看到的就是胸部及大臂部分的模型结构，因此制作时应尽量突出这几块肌肉的结构。

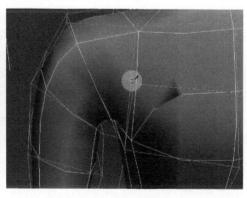

◀图4-145

选择透视图，单击点选择命令，使用快捷键【Alt+C】切线命令加入模型线调节肋骨部分模型，在肋骨部分加线可以控制胸大肌的强壮程度，收缩加入的肋骨线，可以突出胸部肌肉结构，这种方法在模型制作时应用较多，收缩模型线突出肌肉，单纯放大肌肉结构显得会很生硬，如图4-146所示。

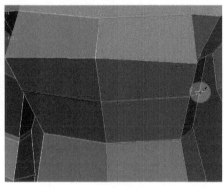

◀图4-146

选择透视图，单击点选择命令，调节大圆肌部分模型，大圆肌在建模中通常与背阔肌划分在一起，强壮的男性人体大圆肌都很突出，会导致腋下产生穿插面，因此在制作大圆肌时应注意肌肉与腋下之间的位置关系，尽量避免穿插面，如图4-147所示。

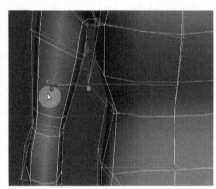

◀图4-147

选择透视图，单击点选择命令，使用快捷键【Alt+C】切线命令加入模型线调节臀部模型，如图4-148所示。

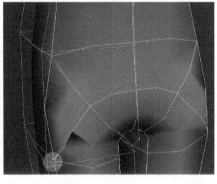

◀图4-148

选择透视图，单击点选择命令，调节臀部模型结构，制作时突出臀部模型结构，男性人体结构臀部小而挺，女性人体臀部宽而大，在人体曲线中女性人体的臀部更加丰满挺拔，如图4-149所示。

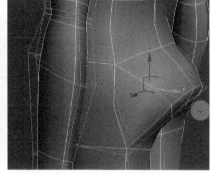

◀图4-149

选择侧视图，单击点选择命令，调节臀部模型结构使其与参考图匹配，参考图为男性角色，因此结构应该小而挺，如图4-150所示。

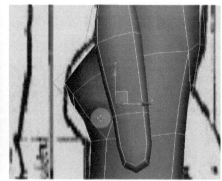

◀图4-150

切换透视图，单击点选择命令，调节胯骨节部分模型，胯骨节部分模型主要控制臀部与腰部之间的衔接，相对于小腹胯骨节比较突出，如图4-151所示。

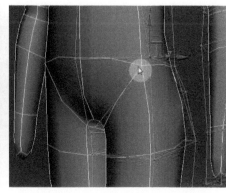

◀图4-151

切换前视图，单击点选择命令，调节大腿部分模型。为了更方便的调节游戏动画，大腿建模时要注意大腿中间应留一定距离，如果靠的太近会为动画调节造成困难，如图4-152所示。

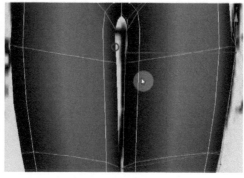

◀图4-152

选择前视图，单击点选择命令，调节小腿部分模型，小腿模型制作时注意模型结构，中间窄两边宽，突出肌肉，以避免两腿距离太近对动画调节造成困难，如图4-153所示。

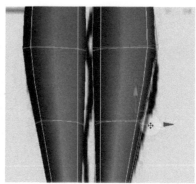

◀图4-153

切换侧视图，单击点选择命令，调节膝盖部分人体曲线，膝盖模型制作时要注意膝盖所在的位置，结合人体站姿身体前倾，如图4-154所示。

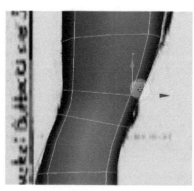

◀图4-154

选择侧视图，单击点选择命令，调节脚踝部分模型结构脚踝部分模型制作时要注意脚腕的位置，适当突出脚踝骨模型位置，如图4-155所示。

◀图4-155

切换前视图，单击点选择命令，调节膝盖部分模型，在侧视图中调节模型结构后切换至前视图继续调节，突出大腿与小腿之间结构，如图4-156所示。

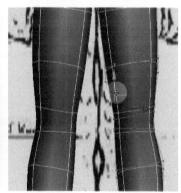

◀图4-156

切换前视图，单击点选择命令，调节肋骨部分模型，在肋骨部分的模型制作中要注意模型结构位置，正常人体中应收缩肋骨部分结构，收缩肋骨可以凸显胸部模型结构，同时突出大圆肌肌肉结构，如图4-157所示。

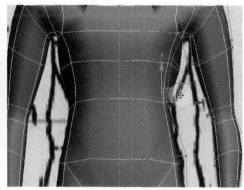

◀图4-157

人体模型制作完成。图4-158所示为简模、粗模和基础模这三种模型效果。在模型的制作过程中应注意人体每块肌肉位置以及需要重要突出的模型结构，避免在后期模型动画制作中出现模型穿插效果。

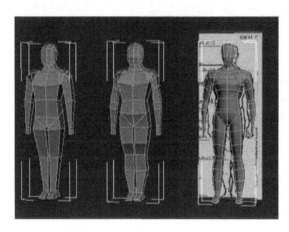

◀ 图4-158

第5章

游戏角色制作

本章主要讲解完整的游戏角色制作流程，分析游戏角色身体各部分结构，通过SILO软件进行模型制作。模型完成后导入MAX中进行UV拆分，通过Unfold软件进行模型UV整理工作。通过完成模型整体制作的案例，使读者更快了解游戏角色制作流程。

5.1 SILO介绍

SILO 是一款专注于建模的三维软件，既适合生物建模也适合规则物体建模。可用它为视频游戏及电影创建角色或是建筑，如图5-1所示。

目前全球众多顶尖工作室都在使用SILO，它既可以单独使用也可以配合多个软件同时使用。

SILO 引进许多新的工具，包括完全UV纹理质地编辑和iso移置绘画等。SILO是一款3D造型软件，它着重于3D设计、动画、录影、游戏制作、传达想法等领域的模型建造和塑形。它道虽短，但已广受当今最大的演播室、赋有天才的专家、热情激昂的沉迷者和新学员们的欢迎。至Silo v1.x版，仅单击一次就可直接连接外部的几处渲染点，并且它还允许绝大多数3D动画和经过渲染后的obj、3ds、dxf、rib、和pov打包输出。

▲ 图5-1

未来的游戏制作中，MAX、MAYA 只对游戏制作流程起整合作用，其他的每一项工作都需要使用不同的软件来配合完成。SILO在游戏建筑、游戏道具，游戏角色、次时代游戏等行业都有不俗的表现，值得一提的是，去除界面文件SILO\编程文件只有600多KB大小，SILO的作者在MAYA建模模块刚刚完成后，再次优化制作了SILO。SILO在建模、拓扑、UV等行业是当之无愧的佼佼者，如图5-2所示。

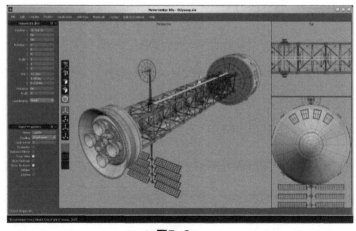

▲ 图5-2

5.2 游戏角色制作

5.2.1 游戏角色下半身创建

制作角色之前，需要设计师根据角色设定稿创建出基础人体，再通过基础人体模型，完成一个游戏角色的制作，如图5-3所示。在原画中角色分斗笠、体肤、翅膀、配件四部分，设计师要对每一部分进行简单规划，并对模型进行单独创建，如图5-3所示。

▶ 图5-3

打开SILO软件。在创建模型之前SILO为我们准备了默认基础人体，在高效率的模型制作中，可以为后面的贴图工作制作争取时间。右键单击场景空白区域选择Create创建–Create Primitives创建基础–Base Man With Feet基础人体，创建一个基础人体模型，如图5-4所示。

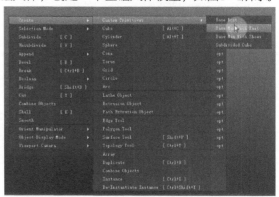

▲ 图5-4

切换前视图，创建基础人体模型，结构与我们在MAX中制作的人体相似，如图5-5所示。（注：数字1、2、3、4、5、6、7、8、9、0分别为进行视图切换的快捷键，分别对应Perspective前视图、Front前视图、Bottom底视图、Left左视图、Top顶视图、Right右视图、Back后视图、UV3D视图、UV2D视图、用户视图。）

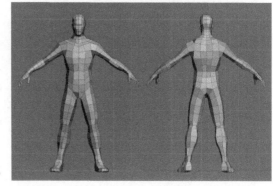

▶ 图5-5

切换前视图，制作裤子部分的模型，单击◪面选择命令，单击▣矩形选择命令，框选模型面，如图5-6所示。

切换透视图，单击◪面选择命令，选择胯骨部分模型面，选中裤子部分模型，如图5-7所示。

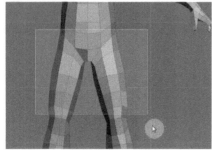 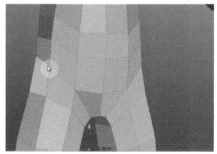

▲ 图5-6　　　　　　　　　　　　▲ 图5-7

切换透视图，单击◪面选择命令，选中胯骨部分所有面，使用快捷键【Alt+C】复制、【Alt+V】粘贴，在原模型上复制出裤子模型，如图5-8所示。

切换透视图，单击◪面选择命令，使用快捷键【Alt+H】独立显示物体。独立显示裤子部分模型，如图5-9所示。

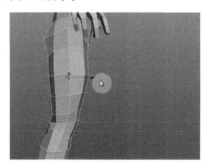 

▲ 图5-8　　　　　　　　　　　　▲ 图5-9

切换透视图，单击◪面选择命令，选择裤子部分的废面，按【Delete】键删除多余的面，如图5-10所示。

切换透视图，单击◪点选择命令，调节裤子模型，如下图5-11所示。

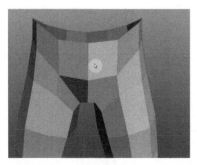 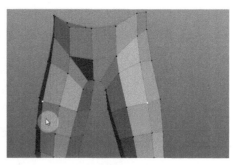

▲ 图5-10　　　　　　　　　　　　▲ 图5-11

切换透视图，单击█边选择命令，选择膝盖部分多余的线，选中其中一根线后使用快捷键【Alt+R】选择一圈线，如图5-12所示。

切换透视图，单击█边选择命令，选择边使用快捷键【Ctrl+M】强制焊接，焊接多余的面，如图5-13所示。

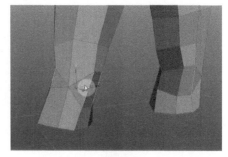

▲ 图5-12   ▲ 图5-13

切换透视图，单击█边选择命令，焊接成功后，面明显减少，如图5-14所示。

切换透视图，单击█边选择命令，调节大腿部分的线，选中一根线后双击鼠标左键可以选中一圈线，使用快捷键【Ctrl+W】进行法线缩放，调节裤子部分模型结构，如图5-15所示。

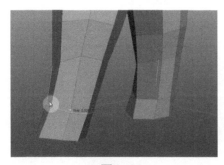

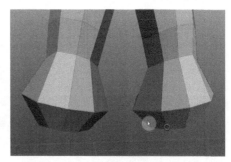

▲ 图5-14   ▲ 图5-15

切换透视图，单击█边选择命令，使用快捷键【ctrl+w】调节大腿部分模型的位置，如图5-16所示。

切换透视图，单击█边选择命令，选中大腿部分的一条边，使用快捷键【Shift+X】加线命令，为大腿部分模型加一根中线，如图5-17所示。

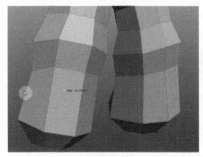

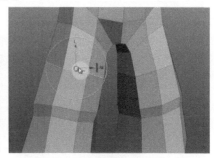

▲ 图5-16   ▲ 图5-17

切换透视图，单击▣面选择命令，选中胯骨部分模型的面，按住鼠标中键可以选中模型背面，选择胯骨部分模型，如图5-18所示。

切换透视图，单击▣面选择命令，使用快捷键【q】缩放工具整体放大胯骨部分，如图5-19所示。

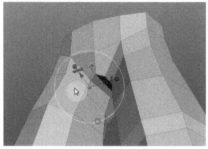
▲ 图5-18

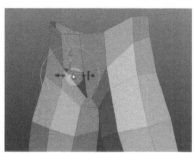
▲ 图5-19

切换透视图，单击▣边选择命令，选中一条边，双击选中一圈边，调节小腹部分模型结构，如图5-20所示。

切换透视图，单击▣点选择命令，选择一圈线，使用快捷键【Shift+A】线选择切换点选择，如图5-21所示。

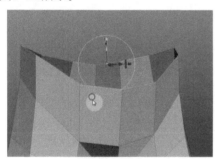
▲ 图5-20

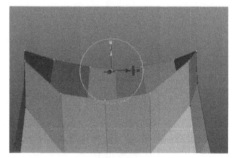
▲ 图5-21

打开SILO坐标控制界面，选择Editors/Options编辑/选项Numerical Editor数值编辑，如图5-22所示。

调节模型坐标轴的数字，对齐模型坐标，将Size中的Y轴坐标数值设为0，对齐顶点坐标位置，如图5-23所示。

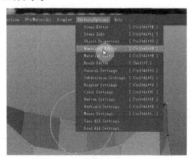
▲ 图5-22

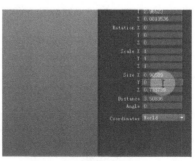
▲ 图5-23

切换透视图，单击▣边选择命令，调节胯骨选择边，使用快捷键【J】调节边位置，如图5-24所示。

切换透视图，使用快捷键【F】全选物体，如图5-25所示。完成模型裤子部分创建。

切换透视图，在全选物体命令下，使用快捷键【Shift+H】显示隐藏物体，完成裤子部分模型的制作，如图5-26所示。

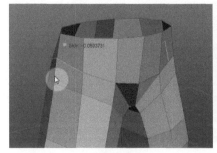 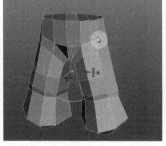 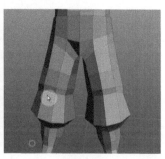

▲ 图5-24　　　　　▲ 图5-25　　　　　▲ 图5-26

5.2.2　游戏角色上半身创建

切换前视图，单击▣面选择命令，框选上半身衣服部分模型，如图5-27所示。

切换透视图，单击▣面选择命令，按住鼠标在键选择背面模型，选中上身模型，如图5-28所示。

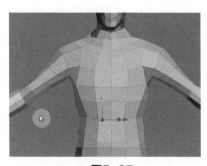 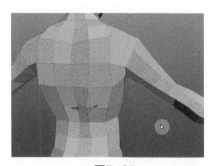

▲ 图5-27　　　　　　　　　▲ 图5-28

切换透视图，单击▣面选择命令，使用快捷键【ctrl+c】复制、【ctrl+v】粘贴，复制出上身模型，如图5-29所示。

切换透视图，单击◉物体选择命令，调节模型整体结构，使用快捷键【Alt+H】独立显示模型，如图5-30所示。

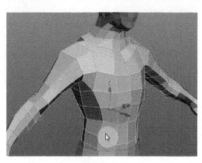 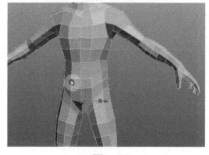

▲ 图5-29　　　　　　　　　　　　　▲ 图5-30

　　切换前视图，单击▣面选择命令，删除模型内部穿插的面及裤子部分多余的面，如图5-31所示。

　　切换前视图，单击▣面选择命令，删除模型内部穿插的面及上身部分多余的面，如图5-32所示。

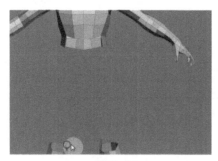 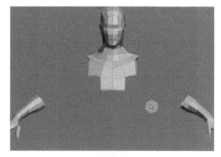

▲ 图5-31　　　　　　　　　　　　　▲ 图5-32

　　切换前视图，单击▣面选择命令，删除胳膊上多余的面至最精简结构，如图5-33所示。

　　切换前视图，单击▣面选择命令，使用快捷键【F】全选模型，再按快捷键【Shift+H】显示所有模型，如图5-34所示。

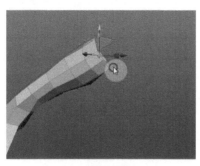 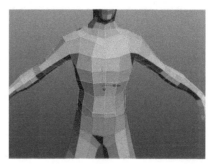

▲ 图5-33　　　　　　　　　　　　　▲ 图5-34

　　切换透视图，单击▣面选择命令，使用快捷键【T】软选择模式，再按快捷键【S】平滑控制面，调节背阔肌部分模型结构，如图5-35所示。

切换透视图，单击 ▣ 面选择命令，使用快捷键【T】软选择模式，再按快捷键【S】平滑控制面，调节胸大肌部分模型平滑效果，如图5-36所示。

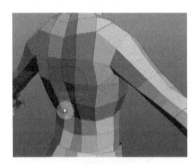

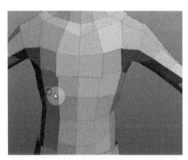

▲ 图5-35   ▲ 图5-36

切换透视图，单击 ▣ 面选择命令，使用快捷键【T】软选择模式，再按快捷键【S】平滑控制面，调节大圆肌部分模型平滑效果，如图5-37所示。

切换透视图，单击 ▣ 面选择命令，调节肘部模型结构，如图5-38所示。

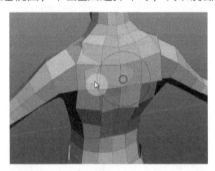

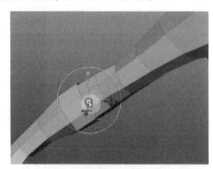

▲ 图5-37   ▲ 图5-38

切换透视图，单击 ▣ 面选择命令，选中一圈边，法线缩放模型制作胳膊部分模型结构，如图5-39所示。

切换透视图，单击 ▣ 边选择命令，选中一圈边使用快捷键【B】分线，制作袖子的膨胀结构，如图5-40所示。

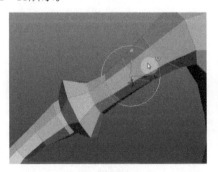

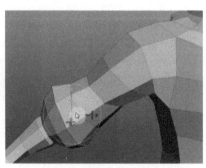

▲ 图5-39   ▲ 图5-40

切换透视图，单击■边选择命令，使用快捷键【B】调节袖子口部的模型结构，如图5-41所示。

切换透视图，单击■边选择命令，使用快捷键【B】调节衣服底部模型结构，如图5-42所示。

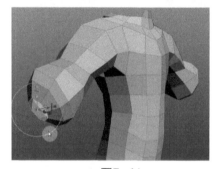
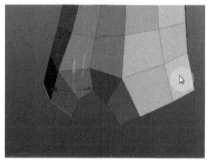

▲ 图5-41　　　　　　　　　　　▲ 图5-42

切换透视图，单击■边选择命令，使用快捷键【B】法线缩放，扩大底部边缘面积，如图5-43所示。

切换透视图，单击■边选择命令，选中一圈线，使用快捷键【B】法线缩放，调节整体的结构比例，如图5-44所示。

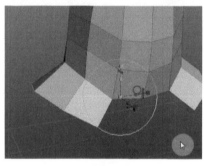
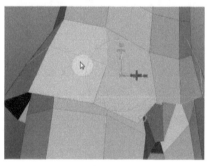

▲ 图5-43　　　　　　　　　　　▲ 图5-44

切换透视图，单击■边选择命令，调节衣服背面模型结构，如图5-45所示。

切换透视图，单击■点选择命令，把多余的线删除，调节整体形态，如图5-46所示。

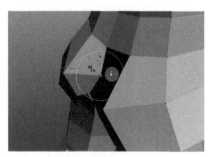
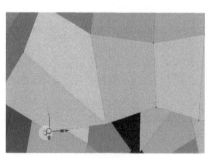

▲ 图5-45　　　　　　　　　　　▲ 图5-46

衣服整体结构完成效果如图5-47所示。

切换透视图，单击▣面选择命令，选择手指顶部面，如图5-48所示。

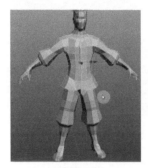

▲ 图5-47　　　　　　　　　　▲ 图5-48

切换透视图，点击▣面选择命令，使用快捷键【Ctrl+M】强制焊接顶部面，完成手部模型的制作，如图5-49所示。

切换透视图，单击▣面选择命令，调节手指各部分模型结构，尽量在每个手指间分出一定距离，以保证后期动画调节时更加方便，如图5-50所示。

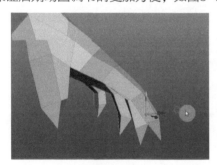

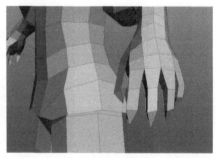

▲ 图5-49　　　　　　　　　　▲ 图5-50

切换透视图，单击▣面选择命令，使用快捷键【Alt+C】创建一个正方形，如图5-51所示。

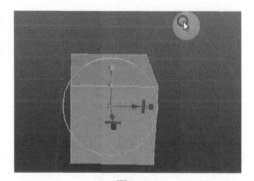

▲ 图5-51

切换透视图，单击▣面选择命令，选择正方体中的一个面，如图5-52（左）所示。使用快捷键【Delete】删除命令，为模型加入中线，如图5-52（左）所示，选择模型的一条边，使用快捷键【Shift+X】加线命令，为模型加入线，如图5-52（右）所示。

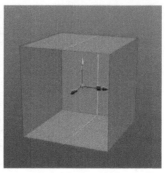

▲ 图5-52

切换透视图，单击■点选择命令，避免模型出现棱角情况，如图5-53（左）所示，选择模型点使用快捷键【x】链接断点，调节模型结构，如图5-53（右）所示。

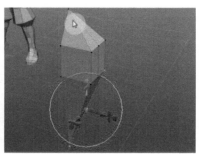

▲ 图5-53

切换前视图，单击◎全选选择命令，选中手部指节模型，缩放制作好的模型大小使其与身体模型匹配，如图5-54所示。

切换透视图，单击◎全选选择命令，调节模型的手指部分，缩放模型大小，调节模型位置，如图5-55所示。

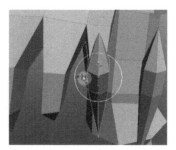

▲ 图5-54   ▲ 图5-55

切换透视图，单击◎全选选择命令，使用快捷键【Ctrl+C】复制【Ctrl+V】粘贴，复制出多模型并调节到手指相应位置上，如图5-56所示。

切换透视图，单击◎全选选择命令，完成模型复制后，调节手指部分的模型结构使其与整体匹配。手部模型整体完成效果。如图5-57所示。

 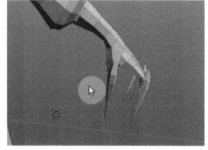

▲ 图5-56　　　　　　　　▲ 图5-57

5.2.3　游戏角色头部创建

切换透视图，单击▣全选选择命令，使用快捷键【Alt+Y】创建一个圆柱体，也可以用鼠标右键单击场景空白区域创建圆柱体，如图5-58所示。

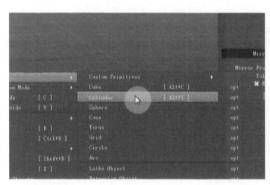 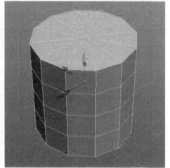

▲ 图5-58

切换透视图，单击▣面选择命令，选择圆柱体底面，对面进行删除，调节圆柱体位置到人体头部上方，如图5-59所示。

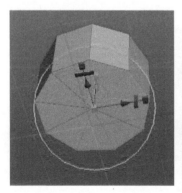 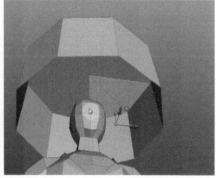

▲ 图5-59

切换透视图，单击▣面选择命令，按住鼠标中键框选模型一圈面，使用快捷键【Delete】删除命令删除面，如图5-60（左）所示，调节模型结构为斗笠形状，如图5-60所示。

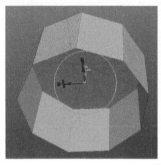

▲ 图5-60

切换透视图，单击▣线选择命令，按住键盘【Shift】加选命令，选中模型一圈线后使用快捷键【Shift+X】加线命令，为斗笠添加一圈线，如图5-61（左）所示。选中加入的线并使用移动工具调节线的位置，如图5-61（右）所示。

▲ 图5-61

切换透视图，单击▣点选择命令，调节点的位置使模型为拱形，如图5-62（左）所示。单击▣线选择命令，双击模型选中中间一圈线，使用快捷键【B】分线，为模型加入细分线，如图5-62（右）所示。

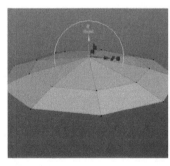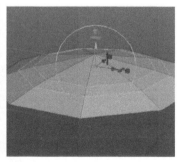

▲ 图5-62

切换透视图，单击■点选择命令，选中模型顶点使用快捷键【B】分线命令，制作模型顶部细分，如图5-63（左）所示。匹配人体比例使用缩放命令调节斗笠部分模型大小，如图5-63（右）所示。

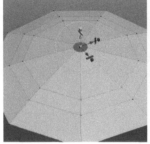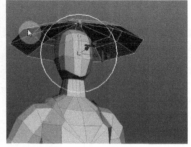

▲ 图5-63

切换透视图，单击■全选选择命令，调节斗笠模型与人体的位置关系，选中模型向下旋转，使结构更有立体感，如图5-64所示。

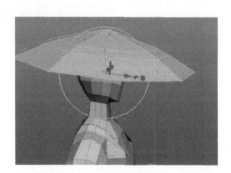

▲ 图5-64

切换透视图，单击■边选择命令，双击选中模型一圈边，如图5-65（左）所示。选择模型一圈边使用快捷键【Z】挤出命令，向下挤出线复制出模型结构，如图5-65（右）所示。

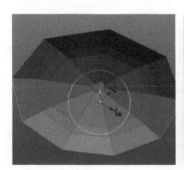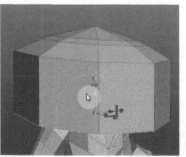

▲ 图5-65

切换透视图，单击■面选择命令，选中挤出的模型面，使用快捷键【Ctrl+C】复制【Ctrl+V】粘贴，得到斗笠帘子，如图5-66（左）所示。选中复制出的斗笠帘子，与人体模型匹配尺寸，使用缩放工具调节模型大小，如图5-66（右）所示。

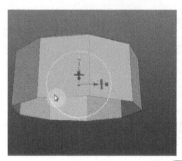

▲ 图5-66

切换透视图，单击 面选择命令，使用快捷键【Alt+C】创建一个BOX，调节其位置到斗笠上部，如图5-67所示。

切换侧视图，单击 面选择命令，使用快捷键【Q】移动工具，调节BOX结构旋转模型坐标法线位置，如图5-68所示。

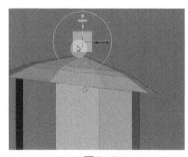

▲ 图5-67　　　　　　　　　　▲ 图5-68

切换侧视图，单击 点选择命令，加入模型细节结构，使模型下部与斗笠顶部对齐，如图5-69所示。

切换侧视图，单击 面选择命令，使用快捷键【Z】挤出命令，制作模型面，调节斗笠头戴部分模型，如图5-70所示。

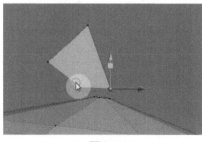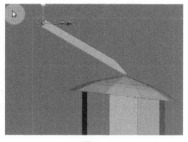

▲ 图5-69　　　　　　　　　　▲ 图5-70

切换侧视图，单击 面选择命令，使用快捷键【Z】挤出命令，加长头带的细分，使用快捷键【Q】旋转工具调节头带法线位置，做法同上，如图5-71所示。

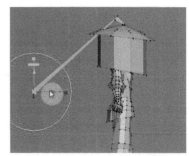

▲ 图5-71

切换侧视图，单击■面选择命令，选中头带中间部分的一根线，使用快捷键【Shift+X】加线，为模型加入细分线，如图5-72所示。

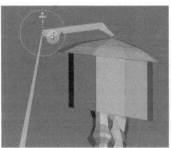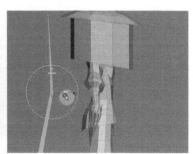

▲ 图5-72

切换侧视图，单击■线选择命令，使用快捷键【Q】旋转命令，调节头带法线位置，如图5-73所示。

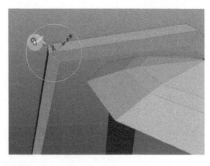

▶ 图5-73

切换侧视图，单击■线选择命令，选中头带部分线，如图5-74（左）所示。使用快捷键【Shift+X】加线命令，为头带加入细分线，如图5-74（右）所示。

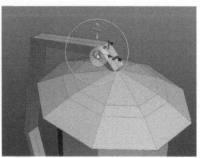

▲ 图5-74

切换侧视图，单击 线选择命令，使用快捷键【Alt+R】选中头带侧面一圈线，如图5-75（左）所示。使用快捷键【Ctrl+M】强制焊接命令，焊接头带边面，如图5-75（右）所示。

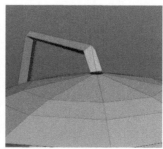

▲ 图5-75

切换侧视图，单击 点选择命令，使用快捷键【Ctrl+M】强制焊接命令，强制焊接头带顶点，如图5-76所示。

▲ 图5-76

切换侧视图，单击 点选择命令，使用快捷键【Ctrl+E】法线缩放，调节头带侧面整体结构，如图5-77所示。

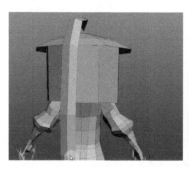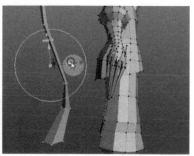

▲ 图5-77

切换侧视图，单击 点选择命令，再用鼠标右键单击场景空白区域，选择Create创建-Grid格子创建格子面，如图5-78所示。

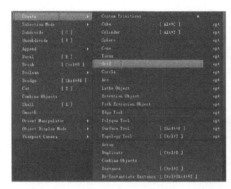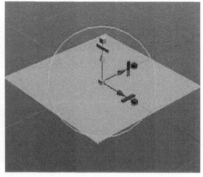

▲ 图5-78

切换侧视图，单击█边选择命令，为上图中各面使用快捷键【Shift+E】加入细分线，如图5-79（左）所示。选择模型两点使用快捷键【Ctrl+M】强制焊接，焊接模型中多余点，如图5-79（中）所示。调节模型中间线，模型结构制作效果如图5-79（右）所示。

▲ 图5-79

切换侧视图，单击█物体选择命令，调节上一步中制作的头带模型位置，如图5-80左所示。为模型加入细节部分结构，如图5-80（右）所示。

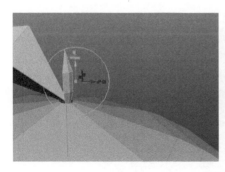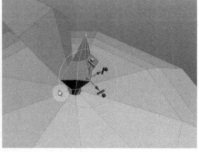

▲ 图5-80

切换侧视图，单击◎物体选择命令，使用快捷键【Ctrl+C】复制【Ctrl+V】粘贴，复制多个模型并摆放至适当位置，如图5-81所示。

切换侧视图，单击▣面选择命令，创建模型面，使用快捷键【Shift+X】加线为模型加入细分，制作手腕部护肘模型，如图5-82所示。

▲ 图5-81　　　　　　　▲ 图5-82

切换侧视图，单击▣面选择命令，创建模型面，使用快捷键【Shift+X】加线，制作腰带部分模型结构，如图5-83所示。

切换侧视图，单击▣面选择命令，创建模型面，使用快捷键【Shift+X】加线，制作腰带模型底部模型，如图5-84所示。

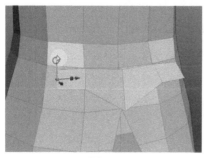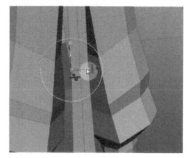

▲ 图5-83　　　　　　　▲ 图5-84

完整角色模型制作效果，如图5-85所示。

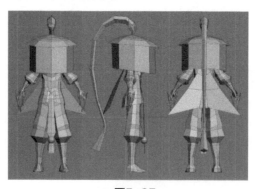

▲ 图5-85

5.3 游戏角色UV拆分

5.3.1 游戏角色UV整理

在SILO中完成模型创建，选择File文件–Save Scene As另存为，保存格式为.OBJ，打开3D MAX选择File文件–Import导入，如图5–86所示。

▲ 图5–86

选中导入的模型，单击鼠标右键，选择Convert To–Editable Poly ，转换为–可编辑多边形，如图5–87所示。

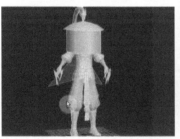

▲ 图5–87

模型完成之后，需要对模型拆分UV。如果想要把贴图正确地放置到三维模型上，就必须要有适合的贴图坐标，绘制贴图是在二维空间中，而模型则是在三维空间中，如果不给二维贴图以合适的贴图坐标，就会产生拉抻，这就需要有一个展开贴图坐标的工序。所谓贴图坐标，就是把三维模型表面的坐标尽可能二维平面化，这个过程就类似于将地球仪展开为地图的过程。

角色UV拆分区别于道具UV拆分方法，需要对每部分模型进行单独UV制作，同时在完成UV的情况下控制UV摆放所占用的大小，角色UV在低模制作时只需一张UV就可以，而在一些复杂模型UV拆分上可以做两至三张。

切换透视图，选中模型后第一步要对SILO中导入的模型进行整合处理。全选模型后选择面板中工具命令，选择Collapse塌陷–Collapse Selected塌陷全部命令，把衣服塌陷成一个模型，如图5–88所示。

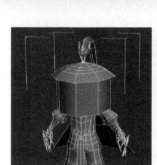

◀图5-88

选择透视图，完成模型塌陷后把模型分成三部分进行模型UV拆分选择Poly多边形-Edit Geometry编辑几何-Detach分离，把腿部、脚步模型与身体部分进行分离单独对齐进行UV拆分，如图5-89所示。

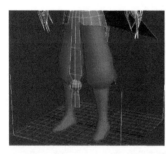

◀图5-89

选择透视图，选择Poly多边形-Edit Geometry编辑几何-Detach分离，把上身、手部模型与身体部分进行分离单独对齐进行UV拆分，如图5-90所示。

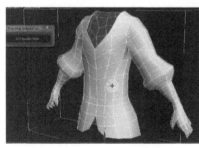

◀图5-90

选择透视图，选择Poly多边形-Edit Geometry编辑几何-Detach分离，把头部、饰品模型与身体部分进行分离单独对齐进行UV拆分，如图5-91所示。

◀图5-91

5.3.2 游戏角色上半身UV拆分

选中上身模型，选择修改面板扩展卷Modifier List 修改器面板–Unwrap UVW 展开 UVW命令，为模型加入UV展开命令，如图5-92所示。

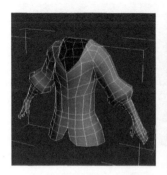

◀图5-92

使用展开UVW命令后模型会出现绿色包围线，绿色线即UV线，选择UVW展开面板下 Parameters参数–Edit编辑，如图5-93所示。

◀图5-93

打开编辑UVW界面，界面中 ███·███ 与3DS MAX界面中的相似，图标分别指移动–旋 转–缩放–自由–对称，在界面下部 ███ 命令分别为点编辑–边编辑–面编辑，如图5-94所示。

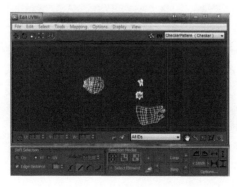

◀图5-94

默认的模型UV是系统自动拆分，需要对UV进行再次处理，选中■面选择，同时勾选Select Element选择元件，选择Map Parameters图贴编辑-Quick Planar Map快速平面贴图，如图5-95所示。

◀图5-95

快速平面贴图后，选择模型的一半做UV镜像设置。使用uv面选择，选择模型左半部分UV，选择菜单Tools工具-Break断开命令，按快捷键【Ctrl+B】断开，如图5-96所示。

◀图5-96

为模型UV断开模型后，模型左半部为镜像，只需要对右半部的模型UV进行处理即可。选择胳膊部分模型，如图5-97（左）所示。使用快捷键【Ctrl+B】断开模型，把模型手臂进行分离，如图5-97（右）所示。

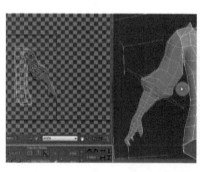

◀图5-97

完成手臂断开后，使用快捷键【Ctrl+B】断开模型，把模型手臂进行分离，图5-98所示为衣服部分UV分解。

◀图5-98

完成衣服部分的UV分解后，对分解出的每个部分进行UV拉平。选择衣服模型，选择Edit Seams编辑接缝，如图5-99（左）所示。把衣服按照模型纹理切出模型线，蓝色线为接缝切口线，如图5-99（右）所示。

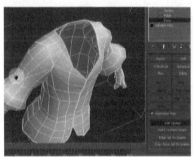 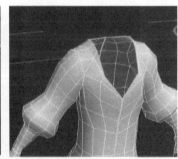

◀图5-99

完成模型接缝切线后，打开UV展开命令，单击Pelt剥皮命令，弹出对话框Pelt Map拨开贴图，如图5-100所示。

◀图5-100

打开剥皮命令，单击Pelt剥皮–Start Pelt开始剥皮命令，把模型整体拉平，单击命令时可以根据UV的拉平情况，可以多点几次剥皮命令，尽量保证UV内为四方格子，如图5-101所示。

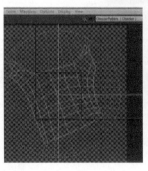 

◀图5-101

完成UV剥皮后，UV基本拉平后再对UV进行整理，单击Start Relax开始放松命令，对模型UV进行松弛，达到与模型造型相似效果，可以更加正确地绘制贴图。如图5-102所示。

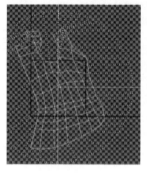

▶ 图5-102

完成衣服UV分解后，对分解出的每个部分进行UV拉平。选择胳膊模型，选择Edit Seams编辑接缝，如图5-103（左）所示。把胳膊按照模型纹理切出模型线，蓝色线为接缝切口线，如图5-103（右）所示。

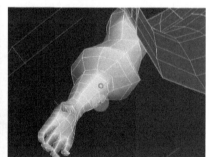

▶ 图5-103

打开剥皮命令，选择Pelt剥皮-Start Pelt开始剥皮命令，把模型整体拉平，单击命令时可以根据UV的拉平情况，可以多点几次剥皮命令，尽量保证UV内为四方格子，如图5-104所示。

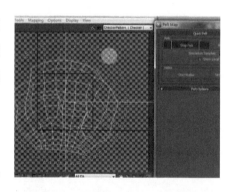

▶ 图5-104

完成UV剥皮后，UV基本拉平再UV后对UV进行整理，单击Start Relax开始放松命令，把模型UV进行松弛，达到与模型造型相似效果，可以更加正确的绘制贴图。如图5-105所示。

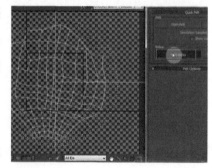

▶ 图5-105

选中手心部分面。选择菜单Tools工具—Break断开命令，使用快捷键【Ctrl+B】断开，如图5-106所示。分离面与编辑接缝制作模型UV的效果是一样的，再制作时可以更快速度地完成UV拆分。

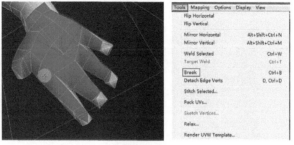

▲ 图5-106

打开剥皮命令，选择Pelt剥皮—Start Pelt开始剥皮命令，把模型整体拉平，单击命令时可以根据UV的拉平情况，可以多点几次剥皮命令，尽量保证UV内为四方格子，如图5-107所示。

完成UV剥皮后，UV基本拉平再UV后对UV进行整理，单击Start Relax开始放松命令，把模型UV进行松弛，达到与模型造型相似效果，可以更加正确的绘制贴图，如图5-108所示。

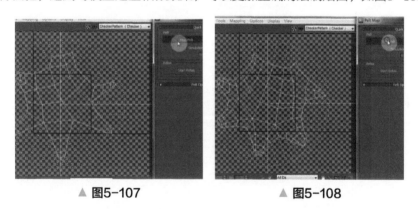

▲ 图5-107　　　　　　　　　　　　▲ 图5-108

完成上半身模型制作，塌陷所有保存UV拆分过程。选择UVW MAP 贴图命令，单击鼠标右键弹出对话框，选择Collapse To向下塌陷保存UV展开命令，同时系统会询问是否塌陷，如果塌陷将不能找回以前的命令，选择Yes（是），如图5-109所示。

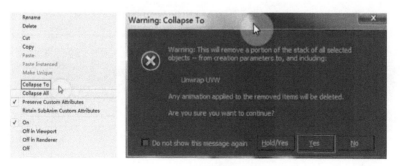

▲ 图5-109

为模型加入镜像模型，同时镜像模型可以把UV一同进行镜像，选中上半身的一半模型，删除面，如图5-110所示。

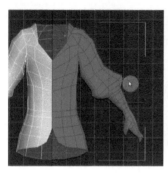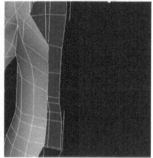

◀ **图5-110**

选中模型，选择■修改按钮，打开Modifier List 修改器列表，在下拉扩展卷中找到Symmetry对称，为模型加入对称命令，并在对称修改面板上修改相应参数，如图5-111（左）所示。同时点击塌陷保存镜像，如图5-111（右）所示。

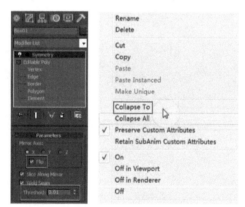

◀ **图5-111**

再次为模型加入UVW展开命令。模型左右绿色线为镜像效果。检查已经完成的UV镜像效果，如型为左右重叠在一起，则模型镜像成功，如图5-112所示。

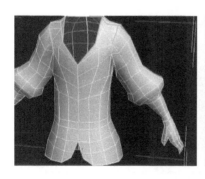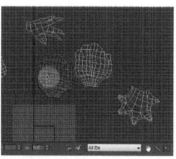

◀ **图5-112**

5.3.3 游戏角色下半身UV拆分

下半身模型UV拆分，快速平面贴图后，选择模型一半模型做UV镜像设置，使用UV面选择，选择模型左半部分UV，选择菜单Tools工具–Break断开命令，使用快捷键【Ctrl+B】断开，如图5-113所示。

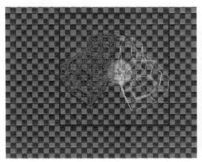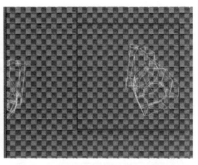

▲ 图5-113

完成裤子UV分解后，对分解出的每个部分进行UV拉平。选择裤子模型，选择Edit Seams编辑接缝，如图5-114（左）所示。将裤子按照模型纹理切出模型线，蓝色线为接缝切口线，如图5-114（右）所示。

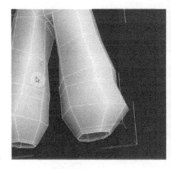

▶ 图5-114

打开剥皮命令，选择Pelt剥皮–Start Pelt开始剥皮命令，把模型整体拉平，单击命令时根据UV的拉平情况，可以多点几次剥皮命令，尽量保证UV内为四方格子，如图5-115所示。

▲ 图5-115

选中模型，选择■修改按钮，打开Modifier List 修改器列表，在下拉扩展卷中找到Symmetry对称，为模型加入对称命令，并在对称修改面板上修改相应参数，如图5-116（左）所示。同时单击塌陷保存镜像，如图5-116（右）所示。

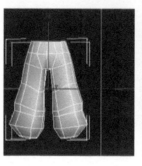

◀图5-116

完成模型UV分解后，对分解出的每个部分进行UV拉平。选择脚部模型，选择Edit Seams 编辑接缝，如图5-117（左）所示。把脚部按照模型纹理切出模型线，绿色线为接缝切口线， 如图5-117（右）所示。

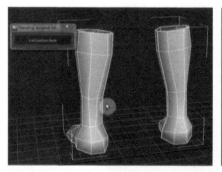

◀图5-117

选中模型底部面，分离脚部底面UV，使用快捷键【Ctrl+B】断开UV，选择较低部分模型，切开模型。如图5-118所示。

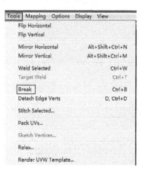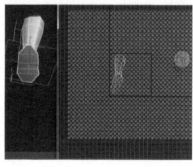

◀图5-118

完成UV剥皮后，UV基本拉平再UV后对UV进行整理，单击Start Relax开始放松命令，把模型UV进行松弛，达到与模型造型相似效果，可以更加正确地绘制贴图。如图5-119所示。

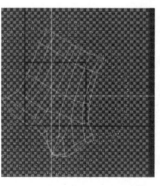

◀图5-119

5.4 整体UV调节

　　全选模型选择■面板中工具命令，选择Collapse塌陷–Collapse Selected塌陷全部命令，把衣服塌陷成一个模型，如图5–120所示。

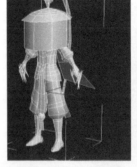

▶ 图5–120

　　选中模型，选择■修改按钮，打开Modifier List修改器列表，在下拉扩展卷中找到Symmetry对称，为模型加入对称命令，并在对称修改面板上修改相应参数，如图5–121所示。

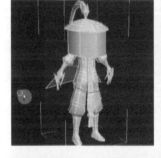

▶ 图5–121

　　UV展开完成后，首先要看一下什么样的贴图坐标是正确的，贴图中黑白格子分布很均匀，表示贴图与模型的匹配才是正确的。单击菜单栏■材质编辑器按钮，打开材质编辑器选择一个空材质球，选择Diffuse 漫反射–Material/Map Browser材质/贴图浏览器–Checker棋盘格命令，为材质球加入棋盘格材质，如图5–122所示。

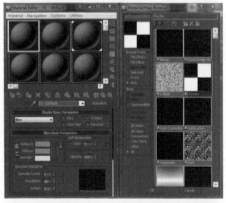

▶ 图5–122

　　为材质赋予棋盘格贴图后弹出棋盘格控制界面，设置棋盘格参数为20×20，选中模型■把材质指定给选定对象，■在视图中显示材质，如图5–123所示。

▶ 图5–123

完成棋盘格设置后，棋盘格比例大小为1：1，可以选中UV后对其进行缩放命令设置UV大小，使之对应UVW展开界面设置的大小，如图5-124所示。

◀图5-124

调节模型的旋转方向，控制棋盘格方向，可以控制贴图绘画的效果，如图5-125（左）所示。调节UV的对称位置，保持UV比例正确，如图5-125（右）所示。

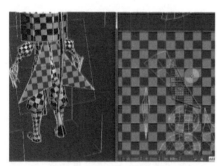

◀图5-125

在棋盘格正确的情况下，把所有UV摆放在蓝色区域中，如图5-126（左）所示。UV的摆放比模型制作还要费事，它直接影响了贴图绘制的效果好坏，如图5-126（右）所示。

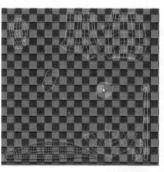

◀图5-126

贴图的大小与游戏的运算速度成正比，1像素的贴图大小等于2字节的游戏运算速度，所以贴图UV摆放的好坏是至关重要的。如图5-127所示。

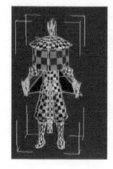

◀图5-127

5.5 Unfold 3D UV展开

UV拆开时要用到一个比较强大的软件Unfold 3D，它是一款能在数秒内自动分配好UV的智能化软件。不依赖传统的几种几何体包裹方式，而是通过计算自动分配理想的UV。完成MAX模型UV拆分导出模型为Quads四边面，选择Export导出。打开软件Unfold 3D选择Load UV+Merge负载UV +合并。如图5-128所示。

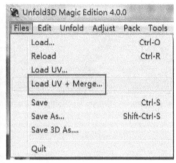

◀图5-128

导入模型。导入的模型一定要是镜像的一面模型，否则无法拆分UV。单击按键◎分割网络◎展开网络，如图5-129所示。（注：Unfold 3D是一款强大UV拆分软件，单独拆分UV效果更好，同时有较多快捷键加快制作速度。）

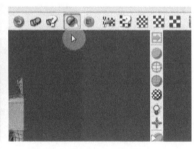

◀图5-129

单击展开网络，Unfold 3D会自动计算UV并进行拆分，同时自动摆放好UV，UV位置尚算可以但还需要在MAX中去调节，如图5-130（左）所示。选择另存为输出UV，如图5-130（右）所示。

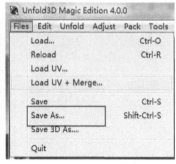

◀图5-130

　　通过棋盘格测试可以发现Unfold 3D自动拆分的UV的棋盘格位置都相当完美，这样就可以在绘制贴图时更加事半功倍，如图5-131（左）所示。再次进行UV摆放，整体结构更加清晰，如图5-131（右）所示。

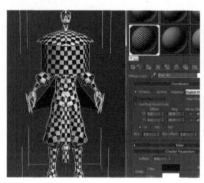

◀图5-131

　　整体棋盘格效果比例合理，UV拆分完毕，如图5-132所示。

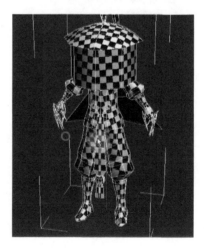

◀图5-132

第6章

游戏角色贴图基础

本章主要讲解游戏角色贴图绘画制作流程。通过
Body Paint软件进行游戏角色绘画，绘画时要注意手绘
板各项属性的调节，Body Paint软件手绘模块各项属性
的调节技巧，以及电脑绘画与传统绘画的区别。

6.1 游戏贴图简介

设计角色时，游戏设计师首先要根据设计图构建三维模型，这对建模的精度和面数都有着严格的要求。模型的面数限制取决于游戏引擎中的资源分配，模型文件的大小由模型面数决定，模型面数越多文件存储空间越大。在贴图尺寸相同时，贴图的大小取决于像素的大小，像素越大图像质量越好文件需求的存储空间越大，相反像素越小图像质量越差文件需要的存储空间越小。制作贴图时，需要根据游戏引擎的资源容纳情况控制贴图像素大小。

制作游戏模型过程中，由于游戏引擎要求模型面数较低，模型的细节需要通过贴图进行表现。绘制贴图不仅需要良好的绘画功底，同时需要很好地控制贴图的像素大小，保证贴图在较小的像素范围内进行充分的细节表现。图6-1所示分别为漫反射贴图、法线贴图、透明贴图和高光贴图。

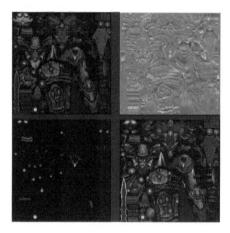

◀ 图6-1

漫反射贴图

漫反射是物体基本色和环境光混合后的效果，是物体基本色在迎光色和背光面上的显示效果，在贴图绘制时不会把漫反射效果绘制到贴图中，因为太过明显的明暗变化会导致效果不真实。

法线贴图

用于表现凹凸效果，是将高面数模型和低面数模型进行比较后得到的，利用各大三维软件都可以完成，使用雕刻软件ZBursh、Mubdox效果会更好，也可以通过PS图层样式绘制得到。

透明贴图

通过图层的Alpha的透明度控制模型透明度，黑色表示完全透明，白色是不透明，灰色是半透明。黑色常用在制作羽毛、头发等物件；灰色部分常用在制作玻璃、窗帘等物件。

高光贴图

高光是光滑物体弧面上的亮点，它与光源和摄像机的位置有关，通常为一个小白点。例如，人物角色的额头和鼻子高光一般为白色，一般使用偏白的高光贴图，是为了在人物面部产生高光时与周围有变相区别。高光具有多个参数设置，如偏西率、衰减度、高光颜色等，与反射效果关系较大。

6.2 Body Paint 讲解

Body Paint 3D 是现在最为高效、易用的实时三维纹理绘制以及 UV 编辑解决方案，而现在完全整合到 Cinema 4D中后，其独创 Ray Brush / Multi brush 等技术完全更改了历史上的陈旧的工作流。无论多么复杂奇特的表面，艺术家只要进行简单的设置，就能够通过 200 多种工具在 3D 物体表面实时进行绘画。使用单个笔触就能把纹理绘制在 10 个材质通道上，并且每个通道都允许建立带有许多混合模式和蒙板的多个图层。使用革命性的 Ray Brush 技术，甚至可以直接在已完成渲染的图象上绘制纹理。

6.3 Body Paint 软件设置

打开Body Paint软件，单击Preferences属性命令，在设置命令中可以对软件手绘板控制、绘画控制、旋转、语言等进行设置，如图6-2所示。

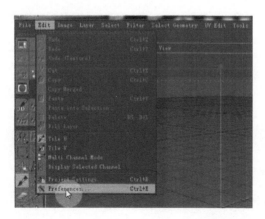

◀图6-2

应用软件的第一步需要对软件进行设置。单击Language选择语言Chinese中文，这里如选择英文会更加稳定，Graphic Tablet手绘板开启命令–Reverse Orbit反转鼠标旋转轨迹，这步比较重要，否则旋转场景是反方向，如图6-3所示。

◀图6-3

完成软件设置后，需要与软件进行接口连接，这里以3D MAX为例复制b3d.bmi和bodyex.diu两个接口文件，如图6-4（左）所示。找到MAX安装目录下plugins插件文件夹，把接口文件复制到其中，如图6-4（右）所示。

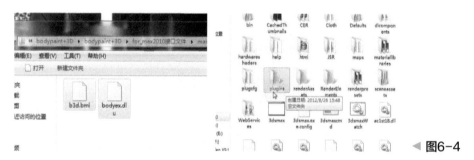

◀图6-4

打开3D MAX，单击工具命令，选中添加设置命令，把Body Paint 3D快捷设置按键添加到工具中，如图6-5（左）所示。打开设置按键命令，找到Body Paint 3D Exchange命令后按住鼠标左键拖动按键到面板右边的红色区域内，完成按键添加设置，如图6-5（右）所示。

◀图6-5

单击Body Paint 3D Exchange命令在弹出的对话框中选择Export Selected打开链接，找到Body Paint安装目录下的Body Paint 3D文件，如图6-6所示，设置软件的打开路径。

◀ 图6-6

6.4 Body Paint 简单绘画

完成Body Paint 3D设置后，对UVW进行输出设置，选择Parameters参数–Edit编辑–Tools工具–Render UVW Template渲染UVW面板命令，如图6-7（左）所示。设置渲染UVW面板命令后，弹出对话框渲染Render UVs渲染UVs，设置输出贴图尺寸Width、Height–1024、1024，单击Render UV Template渲染UV面板，如图6-7（左）所示。弹出对话框选择按键，如图6-7（右）所示。

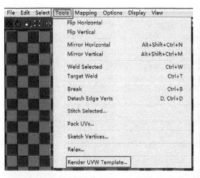

◀ 图6-7

用Photoshop打开贴图，使用魔术棒工具选中贴图，如图6-8（左）所示。使用复制、粘贴命令复制线框图作为模型的顶层，如图6-8（右）所示。

三维游戏角色设计

◀ 图6-8

　　创建一张灰度为128的背景图为底图，如图6-9（左）所示。贴图整体包括背景层、底图灰度层、绘画空图层和模型参考线框图，如图6-9（右）所示。

◀ 图6-9

　　打开模型，加入漫反射贴图。如图6-10所示。选中已经赋予贴图的模型，单击Export Object打开模型把模型送入Body Paint场景当中。

◀ 图6-10

　　模型进入Body Paint软件中，如图6-11（左）所示。打开软件参数设置，打开重新计算场景、手写板、翻转鼠标旋转轨迹，如图6-11（右）所示。

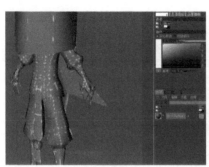 

▲ 图6-11

打开手绘板设置，调节笔触控制，同时设置Body Paint画笔的按键设置，上下两个按键可以设置为鼠标中键和鼠标右键，如图6-12所示。

在Body Paint中有与PS一样的图层设置和图层样式设置，在Photoshop中设置的图层在Body Paint可以无缝连接显示，如图6-13所示。

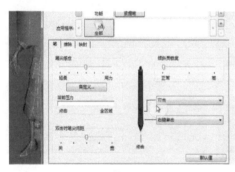 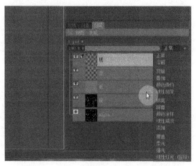

▲ 图6-12　　　　　　　　　　　　　　▲ 图6-13

Body Paint 滤镜设置，样式调节，如图6-14（左）所示。Body Paint 颜色设置调节，如图6-14（右）所示。

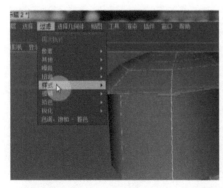 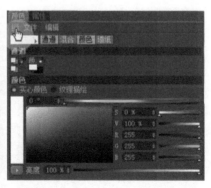

▲ 图6-14

Body Paint 笔触控制菜单，如图6-15（左）所示。Body Paint 笔触压力控制菜单，如图6-15（右）所示。

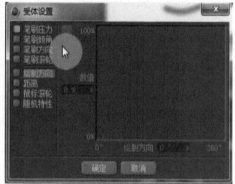

▲ 图6-15

通过笔触控制压力，调节绘画时的绘画效果，如图6-16（左）所示。切换纹理模式，绘画贴图，如图6-16（右）所示。

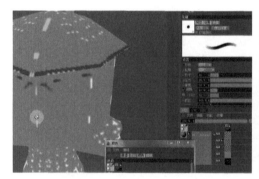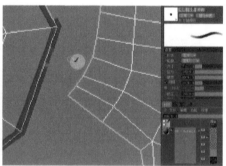

▲ 图6-16

绘画完成后把模型送回MAX场景，贴图绘画效果，如图6-17所示。

完成模型贴图绘制，如图6-18所示。

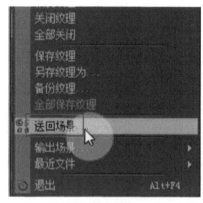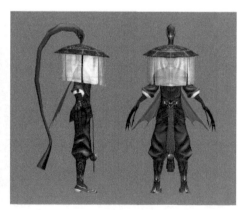

▲ 图6-17　　　　　　　　▲ 图6-18

第7章

游戏角色贴图制作

本章主要讲解网络游戏游戏贴图的后期处理，完成漫反射贴图后需要对贴图进行再次处理，使贴图更加真实。在贴图制作中为模型制作法线贴图（normal map）、高光贴图（Specular map）、凹凸贴图（bump map）的组合可以产生很多微妙的立体细节变化。

7.1 贴图绘制

7.1.1 金属贴图

在绘制金属贴图前，先要制定模型的光源。一般游戏的光照都是从上至下的，金属本身是无色的，通过光源的折射、反射，形成不同的光效果，如图7-1所示。

在"金属"图层上先用线绘制出其基本样式，然后开始绘制它的明暗效果，如图7-2所示。

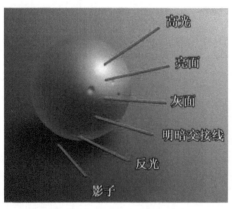

▲ 图7-1

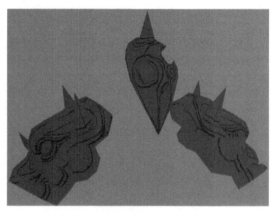

▲ 图7-2

在塑造形体的时候，我们要特别注意对光和影的表现（如高光，亮面，灰面，明暗交接线，反光，影子），在大体明暗绘制完成后，采用软笔刷来深入制作细节。使用减淡工具的高光模式，来绘制金属的高光部分，这是用来绘制金属高光的一个可靠且快速的方法。这时我们已经基本完成贴图的光影效果了，如图7-3和图7-4所示。

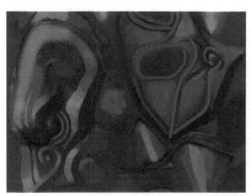

▲ 图7-3

▲ 图7-4

7.1.2 布料贴图

在绘制布料贴图前，同样要制定模型的光源。一般游戏的光照都是从上至下的，通过明暗交界线区分布料的两面与暗面，如图7-5所示。

在"布料"图层上先用线绘制出基本样式然后开始绘制它的明暗效果，如图7-6所示。

▲ 图7-5

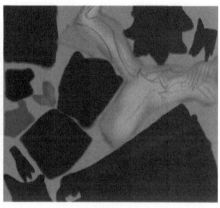

▲ 图7-6

在绘画布料时，要注意明暗交界线的区分。明暗交界线出现在结构的转折处，因物体的背光面会出现反光，受光面出现高光，明暗交界线正是既不受光也不会出现反光的地带，如图7-7（左）所示。使用减淡工具的高光模式，加强明暗交界的区分，整体效果基本就出来了，如图7-7（右）所示。

▲ 图7-7

三维游戏角色设计

7.2 透明贴图

在Photoshop中打开已经绘制完成的游戏贴图，如图7-8（左）所示。放大贴图，把需要透明显示的部分用钢笔工具选中，如图7-8（右）所示。

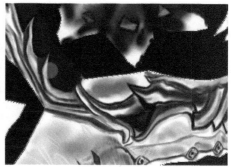

▲ 图7-8

用钢笔工具勾勒出钢笔区域，白色部分为显示贴图，黑色部分为不显示贴图，如图7-9（左）所示。为模型赋予漫反射贴图，如图7-9（右）所示。

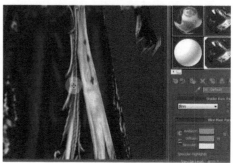

▲ 图7-9

用钢笔工具勾画出所有需要隐藏的贴图，如图7-10（左）所示。在通道层创建Alpha 通道层，设置黑色为不显示贴图部分，白色为显示贴图部分，如图7-10（右）所示。

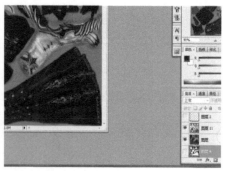

▲ 图7-10

为模型赋予漫反射贴图，在贴图设置中把贴图显示方式设置为Alpha通道显示，如图7-11所示。

透明贴图的整体效果如图7-12所示。

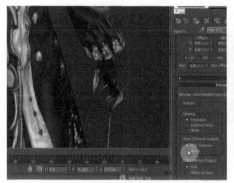

▲ 图7-11 　　　　　　　　　　　　▲ 图7-12

7.3 高光贴图

调节Photoshop，单击图层-调整-去色，把贴图颜色设置为灰度层，如图7-13（左）所示。调节贴图亮部，使用加深减淡工具，如图7-13（右）所示。

▲ 图7-13

选中模型后选择高光贴图，单击Specular Level高光，把高光贴图赋予到模型上，如图7-14所示。

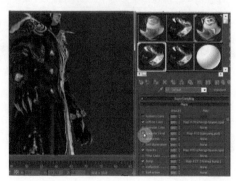

▶ 图7-14

加入高光贴图与没有加入高光贴图的效果对比，如图7-15所示。

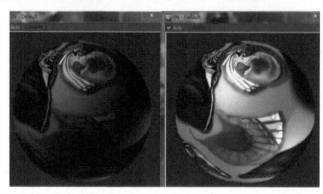

◀图7-15

高光贴图的整体效果如图7-16所示。

◀图7-16

7.4 法线贴图

法线贴图的制作方法众多，介绍其中一种制作法线贴图的插件，如图7-17（左）所示，即英伟达法线插件。调节贴图的法线方向、波值深度Scale深度-Unchanged凹，如图7-17（右）所示。

◀图7-17

保存法线贴图为PSD格式，如图7-18所示。

添加凹凸贴图，凹凸加入法线贴图，打开材质编辑器-Bump凹凸-Normal Bump法线凹
凸，如图7-19所示。

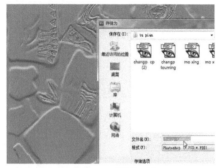 

▲ 图7-18　　　　　　　　　　　　　　　　▲ 图7-19

法线贴图加入位图。调节法线贴图的凹凸大小，选择Normal 法线，如图7-20所示。

法线贴图效果对比，如图7-21所示。

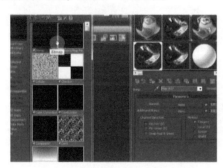 

▲ 图7-20　　　　　　　　　　　　　　　　▲ 图7-21

7.5　PS后期修图

打开Photoshop，按F5
键打开画笔设置，如图7-22
（左）所示。关闭大小抖动，
将角度抖动设置为钢笔压
力，圆度抖动设置为钢笔压
力，如图7-22（中）所示。将
不透明度抖动也设置为钢笔
压力，如图7-22（右）所示。

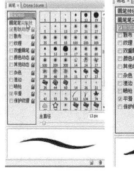  

▲ 图7-22

新建图层，填充颜色RGB为128：128：128，图层样式为叠加，如图7-23所示。

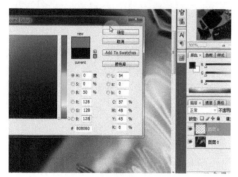

▲ **图7-23**

通过灰度层叠加可以绘制贴图中高亮、暗部等颜色效果，如图7-24（左）所示。选择画笔，调节画笔模式滤色、线性加深、减淡，设置不同效果的叠加绘画，如图7-24（右）所示。

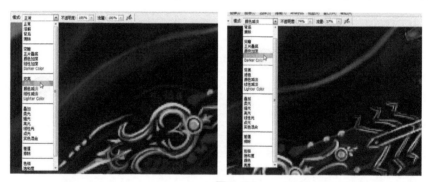

▲ **图7-24**

完成整体绘画后为贴图添加环境颜色，新建图层，为图层加入颜色，图层样式为柔光，如图7-25所示。

模型的整体效果如图7-26所示。

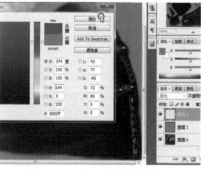

▲ **图7-25**

▲ **图7-26**

第8章

网游角色的制作实例

网游角色的制作步骤：

1. 模型制作（大型的搭建和深入刻画）；

2. UV展开（展开和摆放UV）；

3. 贴图绘制（铺大色、体积塑造、深入刻画）；

4. 整体效果的调整、文件整理（展示效果）。

8.1　角色模型制作

8.1.1　人体基本型的创建

在创建面板中执行Create-Geometry-Plane命令，在场景中创建一个平面，同时将其长宽都设为1个段数，效果如图8-1所示。

▲ 图8-1

按快捷键M，弹出材质编辑器面板，选择一个材质球，在漫反射通道加入位图，选择参考图片，效果如图8-2所示。

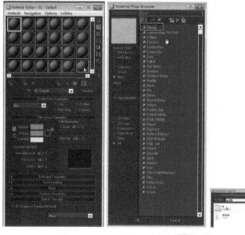

▲ 图8-2

将材质球赋予plane并将其显示，最后根据图片大小修改Plane的长宽比，将其放置在坐标原点位置上，效果如图8-3所示。

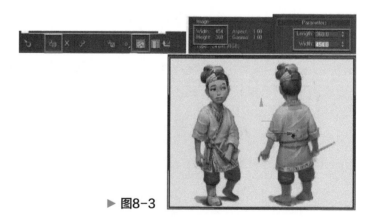

▶ 图8-3

执行Create-Geometry-Box命令，根据参考图，在头部位置创建一个正方体，将其长宽高都改为10。在视图中用鼠标左键单击BOX，执行Editable Poly-Convert to editable poly，将其转换为可编辑多边形，如图8-4所示。

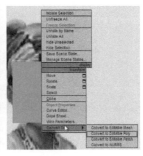

◀ 图8-4

选择BOX，在命令面板中选择Turbosmooth，再次执行Convert to editable poly，得到一个相对圆滑的模型，如图8-5所示。

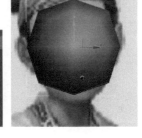

◀ 图8-5

使用缩放工具▣将模型调整为图8-6 (左）所示。按住Shift向下复制出胸腔模型并调整大小，如图8-6（中）。使用同样的方法复制出骨盆、大腿、小腿等部位的模型，如图8-6（右）所示。

◀ 图8-6

三维游戏**角色设计**

选择胸腔底部的面和骨盆顶部的面，如图8-7（左）所示。执行Bridge操作，如图8-7（中）所示，得到图8-7（右）所示效果。

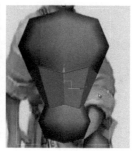

◀图8-7

选择腰部的一根线，使用快捷键ALT+R选择环行线。继续使用快捷键【Ctrl+Shift+E】连线，如图8-8所示。

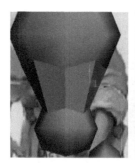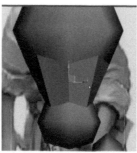

◀图8-8

删除身体的一半模型，如图8-9（左）所示。使用快捷键【Alt+C】在胳膊对应的位置切线，如图8-9（中）所示。选择胳膊与身体桥接处对应顶点并删除，如图8-9（右）所示。

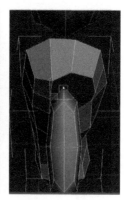

◀图8-9

进入模型的边界层级下，选择身体及胳膊的边界处，使用Bridge命令桥接，如图8-10（中）所示。调整布线如图8-10（右）所示。

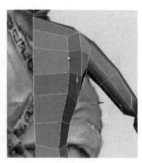

◀图8-10

使用快捷键【Alt+R】选择环行线如图8-11（左）所示，再使用快捷键【Ctrl+Shift+E】连接一圈线，如图8-11（中）所示，调整图8-11（右）所示顶点，为身体和大腿桥接做好准备。

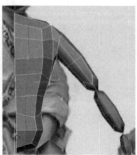

◀图8-11

如图8-12（左）所示，调整腿部造型，选择身体和大腿桥接处的面，如图8-12（中）所示，执行Bridge命令，效果如图8-12（右）所示。

◀图8-12

调整大腿与身体处布线，布线要按照人体结构走，效果如图8-13（左）所示。使用相同的方法桥接大腿与小腿，大臂和小臂，效果如图8-13（中、右）所示。

三维游戏**角色设计**

 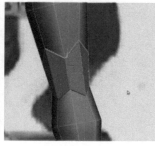 

◀图8-13

继续桥接小腿和脚。然后选中脚部位置的面，如图8-14（中）所示，使用快捷键Shift+E，挤出脚掌模型，如图8-14（右）所示。

  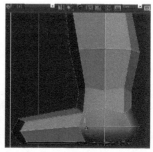

◀图8-14

调整肩部模型顶点位置，使其布线合理，效果如图8-15（左）所示。同时观察模型各个角度，调整顶点位置，整理布线，最后得到一个如图8-15（右）所示的人体模型。

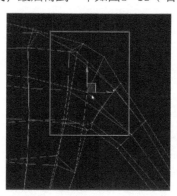 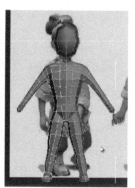

◀图8-15

8.1.2 创建角色头部模型

删除头部一半模型，如图8-16（左）所示。在命令面板中单击Modifier list，执行Symmetry命令，如图8-16（中）所示。显示效果为图8-16（右）所示。

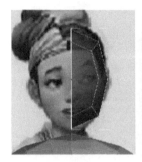

◀图8-16

切换到右视图，调节如图8-17（左）所示顶点位置。切换到透视图，选中脖子处的面，使用快捷键【Shift+E】挤出，如图8-17（中）所示。删除对称轴处的面及脖子底部的面，如图8-17（右）所示。

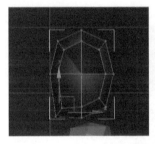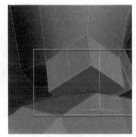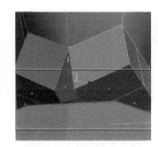

◀图8-17

选择图8-18（左）所示的顶点，使用缩放工具沿Y轴压平，效果如图8-18（右）所示。

◀图8-18

使用快捷键【Alt+R】选择如图8-19（左）所示环行线。然后使用快捷键【Ctrl+Shift+E】连接，如图8-17（中）。最后使用缩放工具对形体进行调整，如图8-19（右）所示。

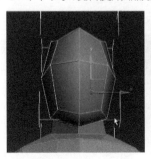

◀图8-19

框选图8-20（左）所示边线，使用快捷键【Ctrl+Shift+E】连接，如图8-20（中）所示。调整布线如图8-20（右）所示。

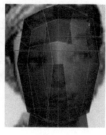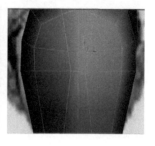

◀ 图8-20

使用快捷键【Alt+C】，在鼻子位置处切线，如图8-21（左）所示。在侧视图调整模型造型，如图8-21（中）所示。使用相同的方法在鼻底、嘴巴处切线，如图8-21（中）和图8-21（右）所示。

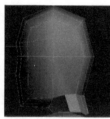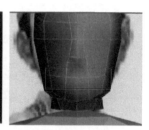

◀ 图8-21

继续使用快捷键【Alt+C】切出嘴巴的环形线，如图8-22（左）所示。将顶点焊接成放射线状，如图8-22（中）所示。调整顶点如图8-22（右）所示。

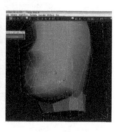

◀ 图8-22

使用同样的方法，将眼睛处的线也做成放射状，如图8-23（左）所示。继续调整布线，如图8-23（中）所示。最终调整结果如图8-23（右）所示。

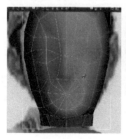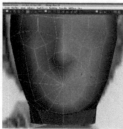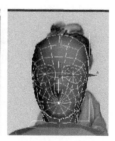

◀ 图8-23

将头部侧面的线也进行整理，如图8-24（左）所示。下面我们要配合雕刻笔刷工具，如图8-24（中）所示，对模型的造型进行调整。Brush Size是笔刷大小，快捷键为【Ctrl+Shift+鼠标左键】。Brush Strength为笔刷强度，快捷键为【Ctrl+Alt+鼠标左键】。X、Y、Z为我们雕刻的3个轴向。调整后的头型如图8-24（右）所示。

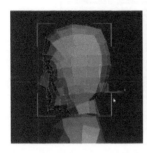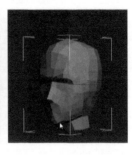

◀图8-24

将耳朵部位的面选中并挤出，如图8-25（左）所示。通过加线后将眼睛调整至图8-25（中）所示形状。同时在正视图调整造型，效果如图8-25（右）所示。

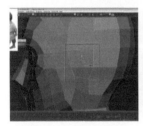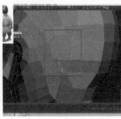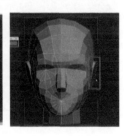

◀图8-25

选中如图8-26（左）所示顶点，单击鼠标右键，在弹出的命令栏里单击Chamfer命令属性，如图8-26（中）所示。弹出Chamfer Amount对话框勾选OPEN，如图8-26（右）所示。

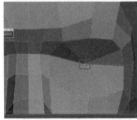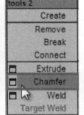

◀图8-26

执行Chamfer后的效果如图8-27所示。

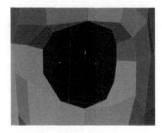

◀图8-27

使用快捷键3切换到边线选择方式，选择如图8-28（左）所示边线，沿Y轴挤压。然后使用快捷键1切换到点选择模式，调节眼部顶点，做出眼睛的形状，效果如图8-28（中）所示。在透视图里观察各个角度，调整眼部造型，如图8-28（右）所示。

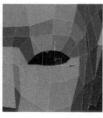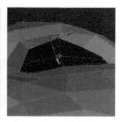

◀ 图8-28

选择眼部边线，按住Shift键向里复制，做出眼皮的厚度，如图8-29（左）所示。然后创建一个球体作为辅助物体，如图8-29（中）所示。使用笔刷工具沿Y轴调整眼部造型，如图8-29（右）所示。

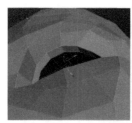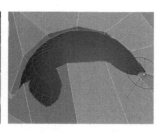

◀ 图8-29

使用边线选择模式选择眼睛边线，单击鼠标右键弹出对话框，选择CAP封口，效果如图8-30（中）所示。最后将眼部顶点连接起来，如图8-30（右）所示。

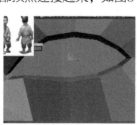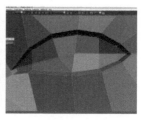

◀ 图8-30

在透视图里通过各个角度观察眼睛，配合雕刻笔刷完善眼部造型，要注意眼睛的弧度和眼球的球体感。调整完的效果如图8-31（右）所示。

◀ 图8-31

嘴巴与眼睛的制作方法类似，先将嘴巴Chamfer，如图8-32（左）所示。再使用挤压工具将嘴部压平，如图8-32（中）所示。使用【Alt+C】快捷键切出嘴巴形状，如图8-32（右）所示。

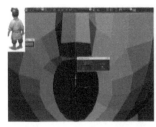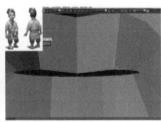

◀图8-32

切换到各个视图，使用调点方式配合雕刻笔刷调整嘴部造型，如图8-33（左）和图8-33（中）所示。同样要注意嘴巴的弧度，如图8-33（右）所示。

◀图8-33

在下嘴唇处加线做出下嘴唇的厚度，如图8-34（左）所示。再切换到前视图调整下嘴唇造型，如图8-34（中）所示。连接嘴唇环形线，如图8-34（右）所示。

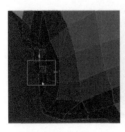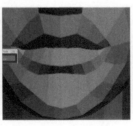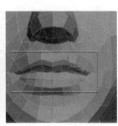

◀图8-34

将连接的线沿Y轴往外移动，做出嘴唇的厚度，如图8-35（左）所示。通过观察各个角度，调整嘴部造型，如图8-35（中）所示。嘴巴的最终结果如图8-35（右）所示。

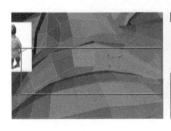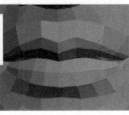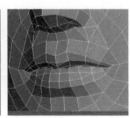

◀图8-35

下面开始制作鼻子，选中图8-36（左）所示边，执行Chamfer命令，效果如图8-36（右）所示。

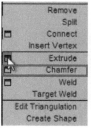

◀图8-36

将切出来的线连接到鼻翼处，做出鼻翼的形状，如图8-37（左）所示。继续加线做出鼻头的形，如图8-37（中）所示。切换到前视图继续调整，要保证正侧视图同步进行，如图8-37（右）所示。

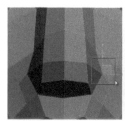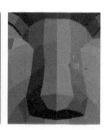

◀图8-37

在鼻底处加线，调整布线如图8-38（左）所示。继续加线，做出鼻孔，如图8-38（中）所示。调整鼻子周围的布线，如图8-38（右）所示。

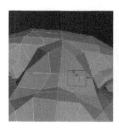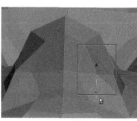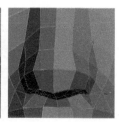

◀图8-38

通过各个角度观察视图，使用雕刻笔刷调整鼻子造型，最终结果如图8-39所示。

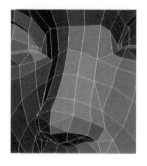

◀图8-39

最后使用雕刻笔刷对模型进行一次整体的调整，使头部各个角度看上去都准确无误，效果如图8-40所示。

◀图8-40

8.1.3 创建角色衣服模型

在上一节做好的人体模型上选择衣服部位的面，如图8-41（左）所示。执行Edit Geometry面板下的Detach命令，如图8-41（中）所示。在弹出的对话框中勾选Detach As Clone，单击确定，如图8-41（右）所示。

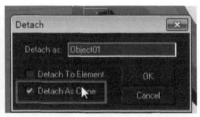

◀图8-41

复制分离出的衣服模型如图8-42（左）所示。然后在命令面板中添加Symmetry命令，如图8-42（中）所示。显示效果如图8-42（右）所示。

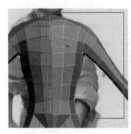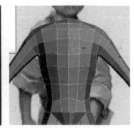

◀图8-42

保留对称命令堆栈，继续为模型添加Push命令，如图8-43（左）所示，调节数值如图8-43（中）所示，显示效果如图8-43（右）所示。

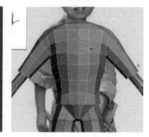

◀图8-43

添加Push命令后的模型有部分穿插，将穿插的地方调整如图8-44所示。

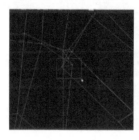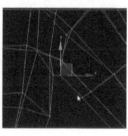

◀图8-44

按快捷键【Alt+L】，选择如图8-45（左）所示的循环边，按住Shift向下复制，如图8-45（中）所示，根据参考图片调整衣服造型如图8-45（右）所示。

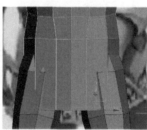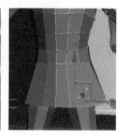

◀图8-45

使用快捷键【Alt+C】按照衣领的走向切线，如图8-46（左）所示。调整衣领周围布线如图8-46（右）所示。

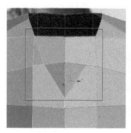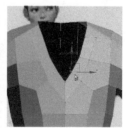

◀图8-46

使用快捷键【Ctrl+Shift+E】在腰带处加一圈线，如图8-47（左）所示。使用缩放工具调整造型如图8-47（右）所示。

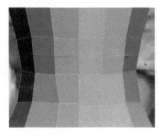 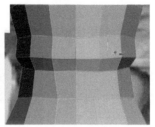

◀图8-47

使用同样的方法继续为模型加线，如图8-48（左）所示，使用缩放工具调整造型如图8-48（右）所示。

◀图8-48

调整衣摆造型如图8-49（左）所示，使用快捷键【Alt+R】选择如图8-49（中）所示环形线，单击鼠标右键，在弹出的对话框中单击Connect属性按钮，如图8-49（右）所示。

 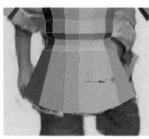 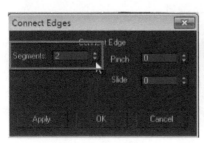

◀图8-49

将Segments参数修改为2，效果图8-50（右）所示。

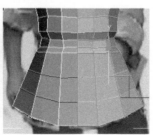

◀图8-50

调整如图8-51（左）所示顶点，观察各个角度，将衣摆调整圆滑一些，效果如图8-51（右）所示。

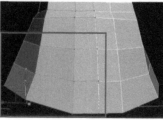

◀ 图8-51

使用快捷键【Alt+R】选中胳膊处环形边，单击鼠标右键，在弹出的对话框中单击Connect属性按钮，将Segments参数修改为1，效果如图8-52所示。

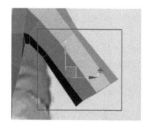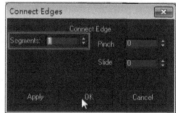

◀ 图8-52

选中胳膊处环形面，如图8-53（左）所示。单击鼠标右键，在弹出的对话框中选择Extrude属性按钮，如图8-53（中）所示。选择挤出方式为Local Normal挤出，如图8-53（右）所示。

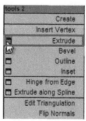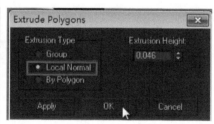

◀ 图8-53

挤出后的效果如图8-54（左）所示。继续在袖子处加圈循环线，如图8-54（中）所示。调整造型如图8-54（右）所示。

◀ 图8-54

选择衣领处的边，如图8-55（左）所示。按住Shift往下复制出衣领的厚度，如图8-55（中）所示。然后调整顶点位置如图8-55（右）所示。

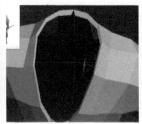

◀ 图8-55

选中如图8-56（左）所示边，同样使用拖曳复制出内衣模型，如图8-56（中）所示。调整造型如图8-56（右）所示。

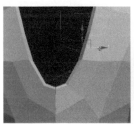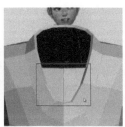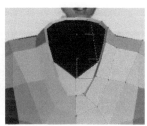

◀ 图8-56

最后结合参考图对上衣模型进行一次整体调整，并观察各个视图，确保各个角度造型准确，布线合理，如图8-57所示。

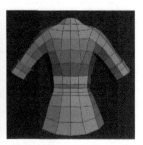

◀ 图8-57

将头部显示出来，下一步调整头部与上衣的穿插关系，如图8-58（左）所示。选中脖子处的线，如图8-58（中）所示，拖曳复制出脖子，如图8-58（右）所示。

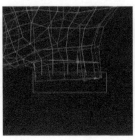

◀ 图8-58

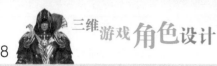

在前视图里调整脖子造型如图8-59（左）所示，切换各个视图观察，调整脖子与衣服的穿插关系如图8-59（右）所示。

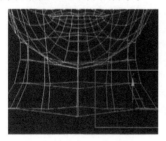

◀图8-59

8.1.4 创建裤子模型

在之前做好的人体模型上选中裤子部位的面，如图8-60（左）所示。执行Detach命令得到分离后的裤子模型，如图8-60（右）所示。

◀图8-60

在命令面板中单击Modifier list，执行Symmetry命令，如图8-61（左）所示。显示效果如图8-61（右）所示。

◀图8-61

调整裤子造型，如图8-62（左）所示。同时调整布线如图8-62（右）所示。

◀图8-62

接下来对臀部进行重新布线，先将模型上的线删除，如图8-63（左）所示。然后使用快捷键【Alt+C】切线，如图8-63（中）、（右）所示。

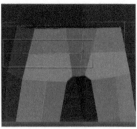

◀ 图8-63

继续使用快捷键【Alt+C】切线，如图8-64（左）所示。调整臀部造型，如图8-64（右）所示。

◀ 图8-64

使用快捷键【Alt+R】选中如图8-65（左）所示环形线，然后使用快捷键【Ctrl+Shift+E】连线，如图8-65（中）所示。使用缩放工具对裤子造型进行调整，如图8-65（右）所示。

◀ 图8-65

选中如图8-66（左）所示边。单击鼠标右键，执行Chamfer命令。效果如图8-66（右）所示。

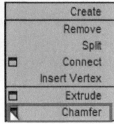

◀ 图8-66

选中臀部的边，如图8-67（左）所示。单击鼠标右键执行Chamfer命令。效果如图8-67（右）所示。

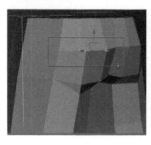 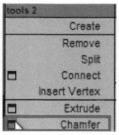 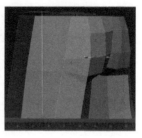

◀ 图8-67

调整臀部布线如图8-68（左）所示。然后观察各个视图，继续完善臀部造型，如图8-68（右）所示。

 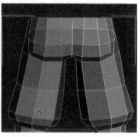

◀ 图8-68

使用快捷键【Alt+L】选中如图8-69（左）所示循环线。单击鼠标右键，执行Chamfer命令，效果如图8-69（右）所示。

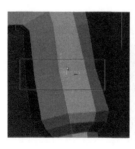 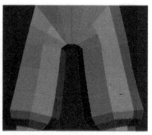

◀ 图8-69

切换到前视图调整裤子造型如图8-70（左）所示。侧视图如图8-70（右）所示。

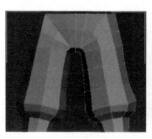 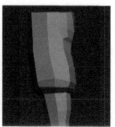

◀ 图8-70

使用快捷键【Alt+L】选中小腿部分，如图8-71（左）所示边，单击鼠标右键执行Chamfer命令，效果如图8-71（右）所示。

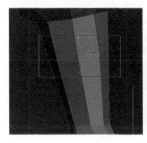 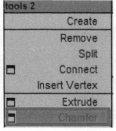 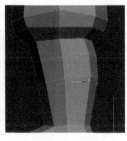

◀图8-71

切换到前视图，使用快捷键【Alt+C】切出如图8-72（左）所示边线，调整小腿造型如图8-72（中）所示。

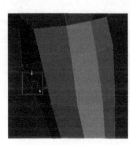 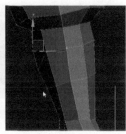

◀图8-72

切换到边选择模式，框选如图8-73（左）所示边，使用快捷键【Alt+Shift+E】连接，如图8-73（中）所示。

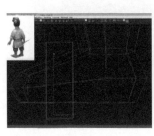 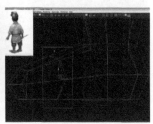

◀图8-73

在侧视图里调整脚部造型如图8-74所示。

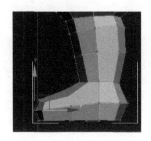

◀图8-74

切换到透视图，从顶部观察脚部模型，调整脚部模型造型如图8-75（左）所示。同时调整脚部模型的布线如图8-75（右）所示。

◀图8-75

继续调整脚部模型布线，使用快捷键Alt+C切线，效果如图8-76所示。

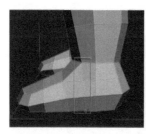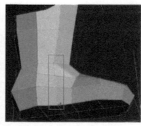

◀图8-76

使用同样的方法做出鞋底的厚度，效果如图8-77（左）所示。调整模型造型如图8-77（右）所示。

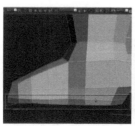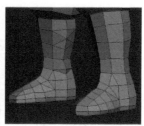

◀图8-77

最终完成的效果如图8-78所示。

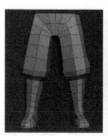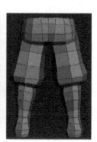

◀图8-78

8.1.5 创建手部模型

使用快捷键Alt+Q将手臂模型孤立显示，如图8-79（左）所示。

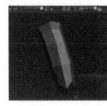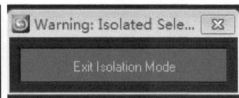

◀ 图8-79

在创建面板中执行Create-Shapes-Line命令，沿手指方向创建3个段数的line，如图8-80（右）所示。

◀ 图8-80

在Line属性面板中勾选Enable In Viewport，如图8-81（中）所示，显示效果如图8-81（右）所示。

◀ 图8-81

将显示方式勾选为Rectangular显示方式，长宽属性值修改为0.8，效果如图8-82（右）所示。

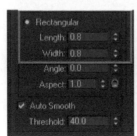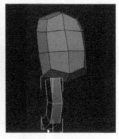

◀ 图8-82

在视图中用鼠标左键单击Line，执行Convert To-Convert to editable poly，将其转换为可编辑多边形，效果如图8-83所示。

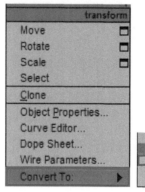

◀图8-83

选择如图8-84（左）所示循环线，单击鼠标右键执行Chamfer命令，为关节处加线，效果如图8-84（中）（右）所示。

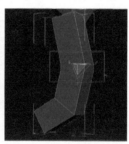

◀图8-84

进一步细化手指模型，做出关节的骨点和手指的肉感，如图8-85所示。

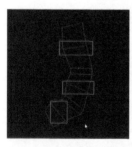
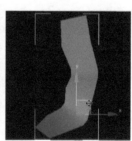

◀图8-85

调整手掌模型如图8-86（左）所示。在与手指接口处切出如图8-86（右）所示边线。

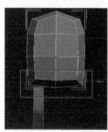
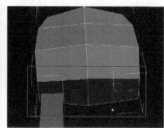

◀图8-86

调整手指与手掌的位置如图8-87（左）所示。选择手掌模型，单击鼠标右键执行Attach
命令附加手指模型，附加后的模型如图8-87（右）所示。

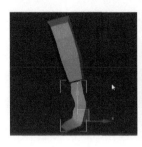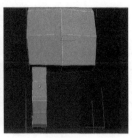

◀ **图8-87**

选择手掌与手指相对应的面，如图8-88（左）所示。执行Bridge命令，效果如图8-88
（右）所示。

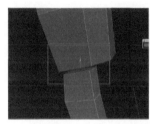

◀ **图8-88**

切换到面选择方式，选择手指模型，如图8-89（左）所示。按住Shift键一次复制出其余
三根手指，如图8-89（右）所示。同时要注意各个手指间的比例大小。

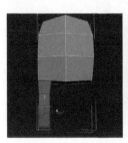

◀ **图8-89**

使用相同的方法，将其余三根手指与手掌衔接起来，如图8-90（左）所示。进一步调整手
部模型造型，如图8-90（右）所示。

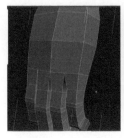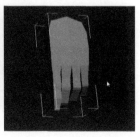

◀ **图8-90**

选中大拇指所在位置的面，使用快捷键【Shift+E】挤出大拇指模型，如图8-91（中）所示。为拇指加线，如图8-91（右）所示。

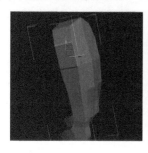

◀图8-91

继续加线并调整模型造型，如图8-92（左）所示。做出关节处的骨点及手指处的肉感，如图8-92（中）所示。调整拇指与手掌衔接处的布线如图8-92（左）所示。

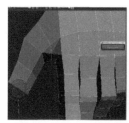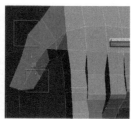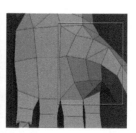

◀图8-92

观察模型各个角度，调整模型造型，如图8-93所示。

◀图8-93

将手部模型退出孤立显示，如图8-94（左）所示。在人体基础模上分离出胳膊位置的面，如图8-94（右）所示。

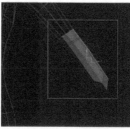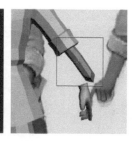

◀图8-94

选择胳膊模型，执行Hierarchy-Affect Pivot Only-Center to Object，将模型的轴心放置在中心，如图8-95（右）所示。

◀图8-95

调整模型位置，如图8-96（左）所示。调整模型造型如图8-96（中）所示。将胳膊模型与手部模型附加到一起，如图8-96（右）所示。

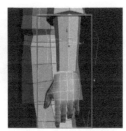
◀图8-96

切换到边界选择模式，选择如图8-97（左）所示边线。使用Target Weld命令将接口处缝合，如图8-97（右）所示。

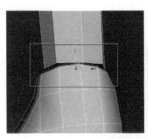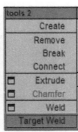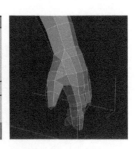
◀图8-97

最后对胳膊模型进行整体的调整，效果如图8-98所示。

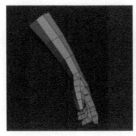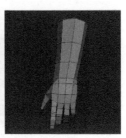
◀图8-98

8.1.6 创建头部模型

在头部模型上选择帽子区域的面，如图8-99（左）所示。在Edit Geometry面板中执行Detach命令，得到图8-99（右）所示模型。

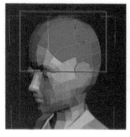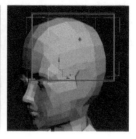

◀图8-99

在命令面板中添加Symmetry命令，如图8-100（左）所示。继续添加Push命令，如图8-100（中）所示。显示效果如图8-100（右）所示。

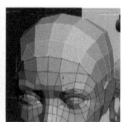

◀图8-100

选择如图8-101（左）所示边线，按住Shift键往下复制，做出帽子的厚度，如图8-101（右）所示。

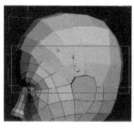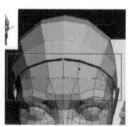

◀图8-101

切换到透视图，选中如图8-102（左）所示面。使用快捷键【Shift+E】挤出，如图8-102（右）所示。

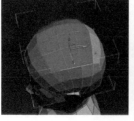

◀图8-102

删除如图8-103（左）所选择面，然后选择图8-103（中）所示面，沿X轴移动，使接缝处缝合。效果如图8-103（右）所示。

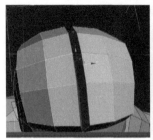  

◀图8-103

调整模型造型如图8-104（左）所示。使用快捷键【Ctrl+Shift+E】为模型加线，如图8-104（中）所示。进一步调整模型造型，如图8-104（右）所示。

 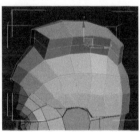 

◀图8-104

选择如图8-105（左）所示面，使用相同的方法挤出模型，如图8-105（中）所示。调整模型造型，如图8-105（右）所示。

  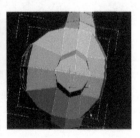

◀图8-105

切换到前视图，调整模型造型如图8-106（左）所示。切换到侧视图，调整模型造型如图8-106（右）所示。

 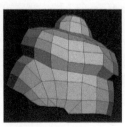

◀图8-106

最后将所有模型显示出来，对角色进行整体的调整，最终效果如图8-107所示。

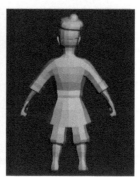

◀图8-107

8.2 模型UVW贴图展开

以头部UV展开为例。将头部单独显示，如图8-108（左）所示。在命令栏里添加Unwrap UVW命令，效果如图8-108（右）所示。

◀图8-108

切换到边选择模式，选中如图8-109（左）所示边，执行Edge Sel To Seams命令，将所选边线转换为UVW展开开口处，如图8-109（中）所示。显示效果如图8-109（右）所示，此时所选边线由红色变为蓝色。

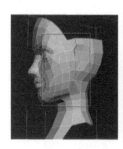

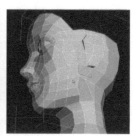

◀图8-109

切换到面选择模式，选择如图8-110（左）所选择面。执行Exp.Face Sel To Pelt Seams
命令，效果如图8-110（右）所示。

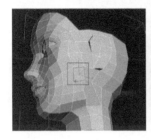

◀ 图8-110

选择Pelt展开方式，单击Edit Pelt Map，效果如图8-111所示。

◀ 图8-111

弹出Edit Uvws面板，如图8-112所示。

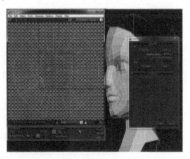

◀ 图8-112

在Pelt Map面板中执行Stop Pelt命令，效果如图8-113（右）所示。

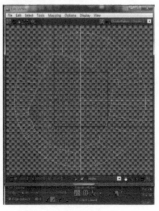

◀ 图8-113

三维游戏**角色**设计

单击Commit按钮，效果如图8-114所示。

◀**图8-114**

退出Pelt模式，在Edit UVWs面板中单击鼠标右键，单击Relax属性按钮，如图8-115（中）所示。选择Relax By Face Angles放松方式，单击Apply，如图8-115（右）所示。

◀**图8-115**

脸部UV展平后的效果如图8-116（左）所示。使用相同的方法将头部其余部分展平，效果如图8-116（右）所示。

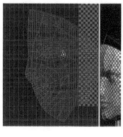 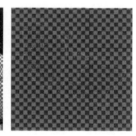

◀**图8-116**

在Edit UVWs面板中选择 █ CheckerPattern（Checker）█ ，将模型显示为棋牌格，检查UV是否存在拉伸变形，如图8-117所示。

◀**图8-117**

将衣服UV接缝开口放在模型不易观察到的地方，如图8-118（左）所示。

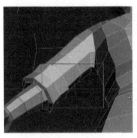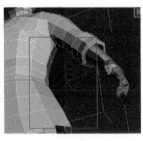

◀ 图8-118

使用相同的方法将衣服UV展平，如图8-119所示。

将模型显示为棋牌格，检查UV是否拉伸，如图8-120所示。

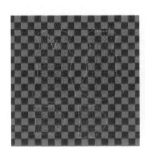

▲ 图8-119　　　▲ 图8-120

将其余模型按照上述方法依次展平UV，如图8-121所示。

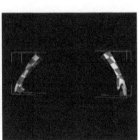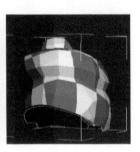

◀ 图8-121

因为整个角色的贴图将在一张贴图上绘制，所以将模型附加到一起。附加在一起的模型UVW如图8-122（左）所示。

◀ 图8-122

将整体模型UV进行重新摆放，重点部位的UV可以适当放大（例如：头），最后将UV摆放至图8-123（左）所示，显示为棋牌格效果如图8-123（右）所示。

◀图8-123

8.3 贴图绘制

8.3.1 绘制前的准备

首先在3ds max里将模型导出OBJ格式，选中所有模型，如图8-124（左）所示。执行File菜单下的Export Selected命令，如图8-124（右）所示。

◀图8-124

选择导出格式为OBJ，如图8-125（左）所示。单击确定，弹出OBJ Export Options面板，单击Export按钮，效果如图8-125（右）所示。

◀图8-125

在Bodypaint 3D里打开之前导出的OBJ模型，如图8-126所示。

◀图8-126

在工具菜单里选择设置向导工具，在步骤1里选择对象，单击下一步，如图8-127（右）所示。

◀图8-127

因为之前已经完成了UVW的展开，所以步骤2中取消勾选重新计算UV，如图8-128（左）所示。在步骤3中勾选颜色通道，纹理尺寸设置为1024，单击完成，如图8-128（右）所示。

 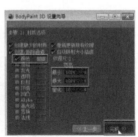

◀图8-128

根据绘制向导完成后的效果如图8-129所示，至此，贴图绘制前的准备工作已经完成。

◀图8-129

8.3.2 整体铺色

使用画笔工具，选择一个较深的皮肤色，对头部进行平铺，如图8-130（左）所示，同样选择一个比衣服固有色稍暗的颜色对衣服进行平铺，如图8-130（右）所示。

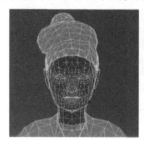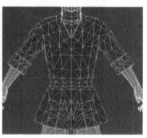

◀ 图8-130

使用相同的方法对其他部位进行颜色平铺，效果如图8-131所示。

◀ 图8-131

8.3.3 体积塑造

选择一个比衣服固有色较浅的颜色，绘制出衣服的亮面区域，如图8-132（左）所示。然后选择相应的颜色，对衣领，腰带，袖口处进行定位，如图8-132（右）所示。

◀ 图8-132

选择一个中间色，从亮部向暗部逐渐过渡，如图8-133（左）所示。定位出衣领最亮的区域，如图8-133（右）所示。

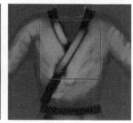

◀ 图8-133

使用同样的方法，从衣领最亮的地方向暗部过渡，依次做出衣领，腰带处的体积，效果如图8-134所示。

◀ 图8-134

将衣服整体看作圆柱体，在衣服亮部增加一个色层，暗部增加一个色层，使衣服鼓起来，如图8-135（左）所示。用一个暗面颜色和一个亮面颜色绘制出衣服褶皱的走向，如图8-135（右）所示。

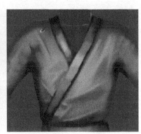

◀ 图8-135

选择相对于皮肤固有色较深的颜色，结合线框显示，对五官进行定位，绘制出五官的暗面，效果如图8-136（右）所示。

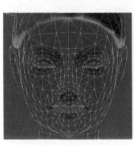

◀ 图8-136

在侧视图里定位出下颌的位置，如图8-137所示。

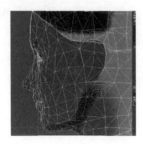

◀ 图8-137

按住Ctrl键吸取皮肤颜色，在色板里选取左上方区域颜色，这样选取的颜色和吸取的颜色有了冷暖关系，绘制亮部区域后的效果如图8-138（右）所示。

◀ 图8-138

接下来对脸部色彩倾向进行定位，亚洲人一般额头偏黄，脸中部偏红，绘制后的效果如图8-139（左）所示。继续在亮部区域添加一个色层，如图8-139（右）所示。

◀ 图8-139

结合线框显示定位出眼白的位置，如图8-140（左）所示。绘制出眼白的球体感，如图8-140（右）所示。

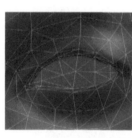

◀ 图8-140

定位出瞳孔的位置，如图8-141（左）所示。调整眼睛的体积感，如图8-141（右）所示。

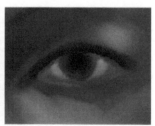

◀ 图8-141

绘制出上眼皮对眼白的投影，如图8-142（左）所示。丰富瞳孔颜色，如图8-142（右）所示。

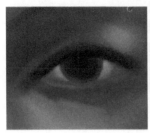 

◀ 图8-142

绘制眼睛高光，如图8-143所示。

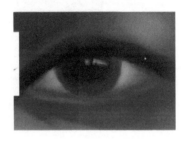

◀ 图8-143

下一步对嘴巴的体积进行绘制，首先在下嘴唇绘制出最亮的区域，如图8-144（左）所示。然后绘制出嘴唇最重的区域，如图8-144（右）所示。

 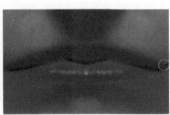

◀ 图8-144

结合线框显示对嘴唇的位置进行调整，效果如图8-145（右）所示。

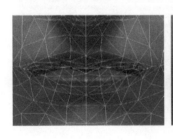 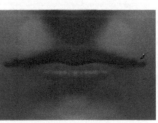

◀ 图8-145

在侧视图里定位出头发的位置，同时切换到前视图调整观察，如图8-146（右）所示。

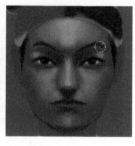

◀ 图8-146

结合线框显示对鼻翼进行定位，同时绘制出鼻翼的体积，如图8-147所示。

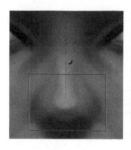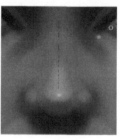

◀ 图8-147

使用同样的方法，绘制出裤子的亮部区域，同时定位出裤子褶皱的位置，如图8-148所示。

◀ 图8-148

小腿、袖口、胳膊、帽子处的体积绘制如图8-149所示。

◀ 图8-149

8.3.4 深入刻画

将模型推远整体观察效果，发现之前绘制的效果整体偏暗，如图8-150（左）所示。

◀ **图8-150**

将贴图导入Photoshop进行修改，用选区工具选取脸部贴图，如图8-151（左）所示。使用色阶工具对脸部进行调整，快捷键为Ctrl+L，如图8-151（右）所示。

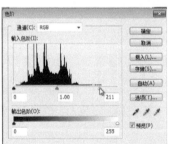

◀ **图8-151**

调整后的效果如图8-152所示。

使用相同的方法对衣服和帽子进行调整，效果如图8-153所示。

▲ **图8-152**　　　　▲ **图8-153**

将模型导入3ds max里观察，调整后的效果如图8-154所示。

◀图8-154

在Bodypaint里对贴图进行更新，用鼠标右键单击贴图 ，弹出对话框，选择纹理—恢复纹理—是，效果如图8-155所示。

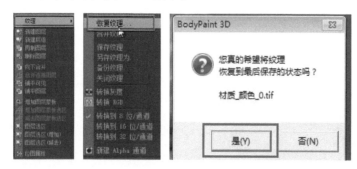

◀图8-155

下一步从额头开始对头部进行进一步深入。对皮肤颜色进行丰富，做法是从最亮的地方向暗部过渡，调整冷暖关系，如图8-156（右）所示。

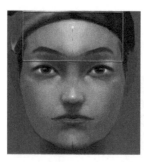

◀图8-156

同时要兼顾绘制对象的素描关系，进一步完善对象的体积感，方法为在暗部区域增加一个色层，在亮部区域增加一个色层，如图8-157（左）所示。色层越丰富，模型的体感越强，效果如图8-157（右）所示。

◀ 图8-157

选择一个深色定位出双眼皮的位置，如图8-158（左）所示。从深色位置往上过渡，做出眼皮的厚度，同时调整双眼皮的虚实变化，如图8-158（右）所示。

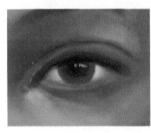

◀ 图8-158

丰富眼睛的颜色，如图8-159（左）所示。丰富眼部细节，如图8-159（右）所示。

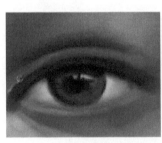

◀ 图8-159

定位出鼻孔的位置，如图8-160（左）所示。完善鼻子造型，如图8-160（右）所示。

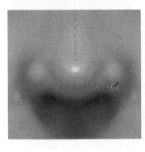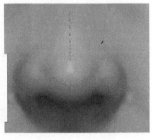

◀ 图8-160

进一步细化嘴唇，使嘴唇具备亮暗面、明暗交界线、反光和投影，如图8-161所示。

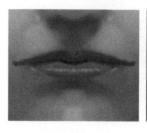
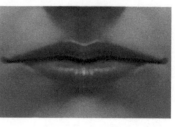

◀ 图8-161

丰富眉毛细节，做出眉毛的虚实变化，如图8-162所示。

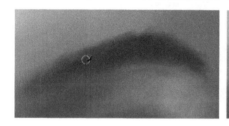

◀ 图8-162

最后使用柔边画笔绘制头部过渡，绘制完的效果如图8-163所示。

◀ 图8-163

绘制出衣领的暗面，投影高光，如图8-164所示。

◀ 图8-164

继续丰富衣服褶皱，如图8-165（左）所示，同时完善衣服的过渡效果，如图8-165（右）所示。

◀ 图8-165

将贴图导入Photoshop，新建图层，做出如图8-166（左）所示图案。使用快捷键
【Ctrl+T】将图案放置在下图8-166（右）所示位置。

◀ 图8-166

按住【Alt】键沿衣领走向复制图案，如图8-167（左）所示。修改图层模式为叠加，效果
如图8-167（右）所示。

◀ 图8-167

丰富衣服褶皱，完善衣服背面造型，如图8-168所示。

◀ 图8-168

绘制完成的衣服效果如图8-169所示。

◀ 图8-169

使用相同的方法绘制帽子，效果如图8-170所示。

◀ 图8-170

完善帽子背面的绘制，效果如图8-171所示。

◀ 图8-171

使用相同的方法完善裤子的造型，效果如图8-172所示。

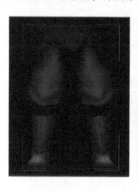

◀ 图8-172

绘制完成的胳膊效果如图8-173所示。

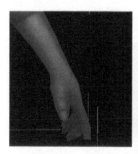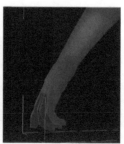

◀ 图8-173

绘制完成的头发效果如图8-174所示。

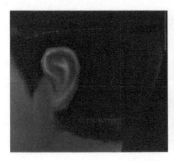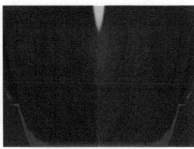

◀ 图8-174

绘制完成的贴图如图8-175所示。

◀ 图8-175

整体效果如图8-176所示。

◀ 图8-176

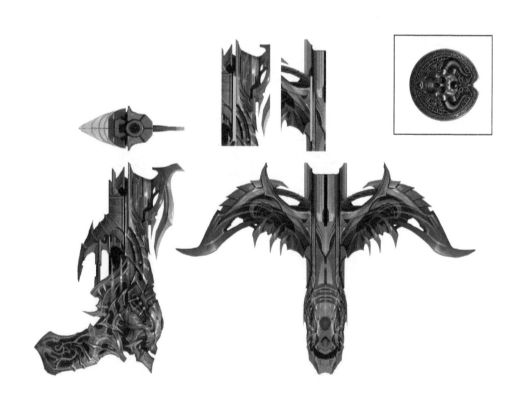

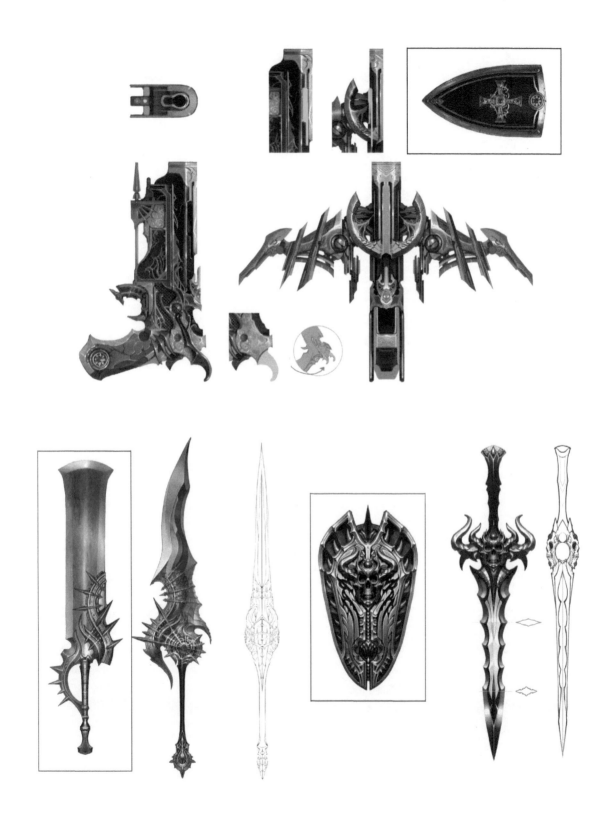

附录2　游戏角色设定稿

附录3　常用快捷键

MAX常用快捷键

边倒角　【 Shift + Ctrl+ C 】　　　　隐藏元素　【 Alt + H 】

面倒角　【 Shift + Ctrl + B 】　　　隐藏未选择的元素　【 Alt + I 】

面挤出　【 Shift + E 】　　　　　　切割　【 Alt + C 】

选择环形边　【 Alt+R 】　　　　　显示全部　【 Alt + U 】

连接　【 Shift + Ctrl+E 】　　　　移除点、线命令【退格键】

约束到边　【 Shift + X 】　　　　目标焊接　【 Shift + Ctrl + W 】

选择循环边【 Alt+L 】

SILO常用快捷键：

点选择【 A 】　　　　　　　　　镜像【 Shift + Alt + N 】

边选择【 S 】　　　　　　　　　强制焊接【 Ctrl + M 】

面选择【 D 】　　　　　　　　　切线【 X 】

移动【 W 】　　　　　　　　　　平滑【 C 】

旋转【 E 】　　　　　　　　　　解除平滑【 V 】

缩放【 R 】　　　　　　　　　　软选择【 T 】

补面【 Alt+P 】　　　　　　　　隐藏物体【 H 】

挤出【 Z 】　　　　　　　　　　解除隐藏【 Shift + H 】

壳【 K 】　　　　　　　　　　　线微调【 J 】

分线【 B 】